El Ateísmo no tiene Fundamento

Una compilación investigativa de ideas y conceptos científico-filosóficos que expone los mitos y dogmas de fe que creen los científicos ateos

Julio A. Rodríguez, IQ

EL ATEÍSMO NO TIENE FUNDAMENTO
Copyright © 2012, por Julio A. Rodríguez

ISBN: 978-1-939317-00-1

Publicado por:
EDITORIAL NUEVA VIDA, INC.
53-21 37th Ave., Woodside, NY, 11377

Impreso en los Estados Unidos de América

Introducción

Todo buen observador puede notar que en los últimos tiempos y por múltiples medios están abundando las declaraciones anti-religiosas; se están usando medios de comunicación masiva para "afirmar" e "informar" cosas inventadas por los ateos; y además, muchos mitos, especulaciones y dogmas de fe *(que nada tienen que ver con las religiones tradicionales)* han entrado a las aulas estudiantiles por medio de los libros de texto.

El querer aplicar el consejo atribuido al ampliamente conocido y gran científico **Albert Einstein** (1879-1955): *"Si tu intención es describir la verdad, hazlo con sencillez"*; y: *"Se debe hacer todo tan sencillo como sea posible, pero no más sencillo"*, me ha llevado a, por lo menos, intentar presentar en esta modesta, *aunque intensa*, investigación-compilación; las ideas científicas y filosóficas de una manera que pueda ser asimilada por aquellos que no han tenido la oportunidad de realizar estudios avanzados en ciencias; sin perder el enfoque primario que todo científico busca encontrar.

Creo que en la era tecnológica en que vivimos y con la abundante información disponible, el conflicto sobre el conocimiento de la verdad ha llegado a un clímax; y que por causa de la moderna manipulación sicológica, hoy en día es necesario rescatar la frase del escritor y periodista británico **George Orwell** (1903-1950), que dijo:

"En una época de engaño universal, decir la verdad es un acto revolucionario"

Y la del filósofo griego **Aristóteles** (384 AC-322 AC):

"No basta decir solamente la verdad; más conviene mostrar la causa de la falsedad."

Espero que la lectura de este libro le sea de mucho provecho.

J.R.

CONTENIDO

Introducción 3

La Carrera Por La Supervivencia 9

Negación Absurda a la Realidad Física y Biológica 11

El Ateísmo No Tiene Fundamento Moral 19

El fracaso del ateísmo para explicar la moralidad 19

¿Dónde está el ateísmo cuando se sufre? 22

C. S. Lewis: La conversión de un filósofo 25

El problema del dolor 26

¿Es el Ateísmo una Filosofía sin Esperanza? 31

El fracaso del ateísmo para explicar la existencia 35

Percibiendo la realidad 39

Noticia sobre Antony Flew, un renombrado ateo que se volvió creyente: 45

El Ateísmo No Tiene Fundamento Científico 49

Anécdota sobre Isaac Newton: 50

Errores del ateísmo acerca del origen del universo 51

Una entrevista muy interesante 53

Un importante estudio de investigación 60

Un vistazo a la verdad de la Creación 62

FÁBULAS QUE ENSEÑAN EN LAS ESCUELAS. 68

La Fábula Que No Tiene Comparación: Historia Del Inicio De La Tierra, Según Los Científicos Ateos. 68

Origen y la evolución de la vida. 68

Otra gran fábula: La formación de los océanos 72

Algunas FABULOSAS noticias recientes: 79

Noticia: Asteroide en Yucatán "mató a dinosaurios" 79

Noticia: La colisión que "extinguió" a los dinosaurios 81

Noticia: Los gases de dinosaurio influyeron en el calentamiento de la Tierra: 81

Noticia: Según un nuevo estudio, los meteoritos trajeron el oro a la Tierra 83

Noticia: Nuestro Universo pudo haberse formado de otro Universo especular anterior 84

Un comentario sobre la Antimateria, la Materia Oscura, los Agujeros Negros y los Universos Paralelos 89

Estas son opiniones de algunos científicos: 91

Lo que enseña la hormiga 93

APÉNDICE 1. 97

Conceptos de Ciencia, Conocimiento científico y Lógica. 97

Definición De Ciencia 97

El Valor de la Ciencia 98

Objetividad de la Ciencia 99

Características Del Conocimiento Científico 99

Lógica natural y lógica científica 101

APÉNDICE 2 105

Preguntas y Respuestas para los Ateos 105

Formas de Atacar el Ateísmo 105

Haciendo preguntas 105

Usando la lógica 106

Respondiendo a las Declaraciones Ateas acerca de Dios 109

Respondiendo a las Declaraciones Ateas acerca de la Biblia .. 112

Respondiendo a Declaraciones Ateas acerca de la Evolución y Naturalismo 112

Respondiendo a Declaraciones Ateas acerca de la Verdad 113

APÉNDICE 3: 115

ALGUNAS NOTICIAS *(en inglés)* SOBRE EL ATAQUE PUBLICITARIO DE LOS ATEOS 115

Anuncio de campaña nacional atea, dirigido a la Comunidad Negra 117

Anuncios ateos en autobuses sacuden 'Fort Worth' 118

Los ateos desean que sea quitada señal que honra a bomberos del 9-11 119

¡Feliz 4! Ateos proclaman "América sin Dios" 120

Los ateos de Pennsylvania utilizan imágenes de raza y de esclavo, en cartel contra la 'barbárica' Biblia Cristiana 121

Cartel ateo habla de "malas maneras", dice investigador cristiano 122

`Bueno sin Dios': La fundación "Libres de la religión" convoca para la convención atea anual en Connecticut 123

Llaman a Jesús "salvador inútil" en cartelera. Ateos atacan la fe en las convenciones de nominación 124

La exhibición atea en parque de la ciudad de Streator agita asunto de la 1ra enmienda. El consejo de la ciudad discutirá la política sobre la exhibición pública. 125

Esqueleto de 'Santa' crea controversia en el palacio de justicia del condado de Loudoun 126

'Niños sin Dios': Activistas ateos lanzan perturbador sitio en Internet, para convertir en ateos a niños y adolescentes 127

BIBLIOGRAFÍA 129

Otros libros escritos por el autor 135

El Eslabón Perdido – en la Teología- 135

El Paradigma, ¿o cuento?, de la Evolución 135

Gladiadores Religiosos. Cuidado con los Judaizantes Modernos 136

Otros Mensajes Relacionados, de parte del autor 137

"La Evolución es Cuento; y el 'Big Bang' es Dogma de Fe. Confrontación Científico-Bíblica": 137

"Es Asunto de Fe" 138

"Eres un Milagro con Propósito" 138

REFERENCIAS 139

La Carrera Por La Supervivencia

"Hay dos maneras de vivir su vida: una como si nada es un milagro, la otra es como si todo es un milagro"
                    Albert Einstein *(1879-1955)*

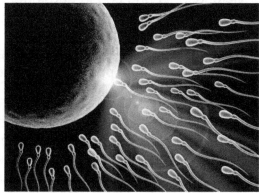

La lucha será sin cuartel. Cada uno de los competidores lleva una carga genética muy importante, la cual podría cambiar el curso de la historia humana.

La victoria será de uno solo. 150 millones de espermatozoides no lograrán llegar a tiempo a su objetivo: el óvulo maduro; y morirán en el intento. Quien triunfe tendrá el privilegio de ser: "Una Nueva Persona".

Llega el día esperado. Los espermatozoides van en su precipitada carrera por el cuello uterino, atraviesan el útero y llegan a las trompas de Falopio. Al llegar a esta altura, la mayoría ha quedado atrás. Apenas un centenar sigue en pos de conquista; y solo uno de ellos logrará entrar en el interior del óvulo para fecundarlo.

Inmediatamente lo logra, la membrana del óvulo se vuelve hermética; altera su estructura química, y cierra el paso al resto de espermatozoides.

Cada persona que vive en esta tierra es una triunfadora desde antes de nacer; ya que el espermatozoide que le identificaba ha vencido a millones de competidores que trataron de quitarle su única oportunidad de vivir.

El espermatozoide triunfador fusiona entonces su núcleo con el óvulo; y se forma la primera célula del bebé: el huevo fecundado o cigoto... y una nueva vida inicia su trayectoria terrenal.

La información genética que llevaba el espermatozoide victorioso, la une con la que tenía el óvulo, definiendo así lo que sería la nueva persona que iniciaba su existencia. Se encuentra entonces en un ambiente muy bien preparado para su desarrollo; y después de transcurrir un tiempo específico, puede conocer lo que hay afuera en el mundo: ¡Nació!

Lo que fue ese espermatozoide que se unió a aquel óvulo y la carga genética que ambos compartieron, continúa su desarrollo natural. Los múltiples sistemas que les son dados, operan en perfección. Al pasar el tiempo, esa vida se desarrolla, crece, madura, tiene la capacidad de pensar, razonar, aprender, entender. Es consciente del mundo que le rodea y se da cuenta de que existen muchas leyes las cuales tiene que aprender a respetar.

Muchos de los seres que fueron formados de manera similar, cuando llegan al momento de preguntarse: ¿cómo es que todo aconteció? ¿Por qué tuvieron que luchar esa carrera para sobrevivir? ¿Con quiénes competían? ¿Por qué ganaron?, etc.; reconocen que han sido afortunados;

Por otro lado, otros dicen que la carga genética que llevaban surgió de la nada; que ellos mismos que compitieron surgieron de la nada, que el óvulo maduró de la nada, que la carga genética que llevaba también surgió de la nada, que el hecho que se juntaran fue una casualidad; que todo lo que fue debidamente programado y fielmente ejecutado, también fue casualidad; que lo que ha crecido y el mundo donde se ha encontrado también vino de la nada... ¡Qué sorpresa!

Negación Absurda a la Realidad Física y Biológica

Todos se dan cuenta que en el mundo pueden encontrar dos tipos de explicaciones sobre el origen de la vida; y hay aquellos que les gusta la enseñanza que dice que "todo lo que hay vino de la nada". De alguna manera se sienten bien; sienten que si hacen algo, no importa lo que sea, creen que no tendrán que dar cuentas a nadie... "porque no hay nadie a quien darle cuentas".

Sin embargo para todo ser humano que así cree, aunque por algún tiempo sienta alguna tranquilidad y libertad para hacer lo que quiera, comprenderá que dentro de la carga genética que llevaba aquel día cuando ganó la carrera de supervivencia, también había una información que se iba a convertir en su "conciencia"; esa área de su ser que en el fondo le hace analizar si sus pensamientos están correctos o no; y le hace ver la posibilidad de que quizá se está equivocando en su manera de ver la vida.

Su intelecto se inquieta cuando se encuentra con ciertas informaciones científicas, como las siguientes:

<< Los seres vivos están formados por células, y las células están formadas principalmente por proteínas.

Las probabilidades de que los átomos y moléculas necesarios para formar una proteína se unan por casualidad es, aproximadamente, de 1 entre 10^{113} (un 1 seguido por 113 ceros). O lo que es lo mismo, solo es probable que suceda en uno de cada 10^{113} intentos. Sin embargo, cuando un suceso tiene una probabilidad de 1 entre 10^{50}, los matemáticos ya consideran que es imposible que ocurra.

Pero además, para que haya vida se necesita muchísimo más que una sola molécula de proteína. Cada célula necesita unas dos mil proteínas para realizar sus funciones; por lo que la probabilidad de que estas aparezcan por azar, se calcula que es 1 entre $10^{40.000}$.

¡Un 1 seguido de 40.000 ceros!

Las posibilidades de que las células se hayan originado por casualidad son remotas. Pero la probabilidad de que estas hayan evolucionado a todas las complejas formas de vida que existen es aún más lejana. Y es que entre los animales y los seres humanos existen muchas más diferencias de las que pueden apreciarse a simple vista.

Al contrario que nosotros, los animales no tienen conciencia, sentimientos, sentido estético, moralidad, raciocinio ni lógica. Si el hombre evolucionó de los animales, ¿por qué hay un abismo tan grande entre ambos?

¿Y qué decir del universo, de la tierra, del cuerpo humano?

Según los astrónomos, en el universo hay unos 100.000 millones de galaxias. A su vez, cada una podría contener 100.000 millones de estrellas, muchas de ellas varias veces más grandes que el Sol. Y las galaxias no se mueven sin orden ni concierto, sino que están bien colocadas y se desplazan de forma organizada.

La Tierra es una maravilla que se destaca sobre los demás astros. Es un planeta único y excepcional, un hogar perfectamente preparado para suministrar el entorno y las condiciones que precisan los seres vivos. Es como un inmenso almacén surtido con todo lo necesario: alimento, aire, agua, luz y muchas cosas más.

¿Quién afirmaría que una casa bien acondicionada y equipada puede surgir de la nada por casualidad? Entonces, ¿le parece lógico sostener que la Tierra, que está perfectamente preparada para la vida, ha aparecido por simple azar?

Por otro lado, en nuestro cuerpo hay unos cien billones (100.000.000.000.000) de microscópicas células; las cuales son tan complejas que se las ha comparado a una ciudad con generadores de energía y sistemas de administración, transporte y defensa. Además, su núcleo alberga el ADN, un intrincado material que contiene decenas de miles de genes.

Según dicen, se necesitaría una enciclopedia de 1.000 volúmenes para guardar todos los datos que contiene el ADN de una persona. Tanta información es como un plano genético que determina el color de la piel, el pelo, la estatura e innumerables detalles propios de cada individuo. Si para realizar los planos de un edificio se necesita un meticuloso diseño, ¿quién diseñó los complejísimos "planos" del cuerpo humano?

Los órganos del cuerpo son tan prodigiosos que no existe ningún aparato o máquina creada por el hombre que se les compare ni remotamente. El más impresionante de todos es el cerebro. Se dice que "la transmisión de información dentro del sistema nervioso es más compleja que la mayor central telefónica del mundo; la capacidad que tiene el cerebro humano de solucionar problemas supera, con gran diferencia, a la de los ordenadores más potentes" (The New Encyclopædia Britannica).

Los científicos no dejan de asombrarse al examinar el funcionamiento del cerebro. Requiere de mucha fe creer que los átomos y moléculas adecuados pueden haberse unido por azar para crear este maravilloso órgano. >>[i, ii]

¿Y qué de la Inclinación de la Tierra?

<< Si la Tierra no estuviera inclinada, no habría estaciones y el día y la noche tendrían la misma duración todo el año. La cantidad de energía solar que llega a un determinado lugar de la Tierra sería constante durante todo el año. Pero la Tierra está inclinada en un ángulo de 23,5º.

Cuando es verano en el Hemisferio Norte, que empieza en junio, esas latitudes reciben más luz solar que el Hemisferio Sur. Los días son más largos y el ángulo del sol es mayor. Mientras tanto, en el Hemisferio Sur es invierno. Los días son más cortos y el ángulo del sol es menor. >> [iii]

Con sobrada razón, muchos reconocidos científicos se han expresado en contra de la pretendida y tristemente célebre idea de que todo lo que hay en el universo surgió de la nada, sin que ninguna fuerza o inteligencia superior haya intervenido.

Veamos algunos casos:

Sir Fred Hoyle (1915-2001). Eminente matemático, astrofísico y escritor británico, dijo:

> *"A medida que los bioquímicos profundizan en sus descubrimientos sobre la imponente complejidad de la vida, resulta evidente que las probabilidades de un origen accidental son tan pequeñas que deben descartarse por completo. La vida no puede haberse producido por casualidad".*

Charles Robert Darwin (1809 –1882), naturalista inglés y padre de la teoría de la evolución que postuló que todas las especies de seres vivos han evolucionado con el tiempo a partir de un antepasado común mediante un proceso denominado selección natural, declaró:

«Jamás he negado la existencia de Dios. Pienso que la teoría de la evolución es totalmente compatible con la fe en Dios. El argumento máximo de la existencia de Dios, me parece, la imposibilidad de demostrar y comprender que el Universo inmenso, sublime sobre toda medida, y el hombre, hayan sido frutos del azar».

Wernher Von Braun (1912–1977), ingeniero aeroespacial, astrofísico de la NASA, considerado como uno de los más importantes diseñadores de cohetes del siglo XX, y fue el jefe de diseño del cohete V-2 así como del cohete Saturno V, que llevó al hombre a la Luna, dijo:

«Cuanto más comprendemos la complejidad de la estructura atómica, la naturaleza de la vida o la estructura de las galaxias, tanto más nos encontramos nuevas razones para asombrarnos ante los esplendores de la creación divina».

«Por encima de todo está la gloria de Dios, que creó el gran universo, que el hombre y la ciencia van escudriñando e investigando día tras día en profunda adoración».

"*Los vastos misterios del universo solo deberían confirmar nuestra creencia en la certeza de su Creador. Encuentro tan difícil entender a un científico que no advierte la presencia de una racionalidad superior detrás de la existencia del universo, como lo es comprender a un teólogo que niega los avances de la ciencia*"

Sir Isaac Newton (1642-1727), físico, filósofo, teólogo, inventor, alquimista y matemático; padre de la Ley de Gravitación Universal, dijo:

«Lo que sabemos es una gota, lo que ignoramos, un inmenso océano. La admirable disposición y armonía del Universo no ha podido salir sino del plan de un Ser omnisciente y omnipotente».

Etienne V. Borne (1907-1993), Filósofo y escritor francés, dijo: "*El ateísmo es la negación deliberada, definida y dogmática de la existencia de Dios. No se satisface con una verdad apropiada o relativa, sino que dice ver el interior y el exterior del juego al ser claramente la absoluta negación de lo absoluto.*"

Federico Sciacca (1908-1975), filósofo realista italiano, expresando en un monólogo los sentimientos de un ateo, dice:

<< *Si Dios no existe, ¿qué más busco? ¿Qué busco todavía? Busco. Y él, él, que no existe, me sigue, me persigue. Se me ha hundido aquí, en medio de la cabeza, como un clavo. Pienso y existe el clavo; pienso y se me clava más. El pensamiento es mi martillo cruel. Dios es siempre despiadado con los ateos. Los persigue.*

Déjame, Dios, no te necesito; necesito echar tu sombra para estar solo conmigo. Tú eres un espectro obstinado. Yo no tengo necesidad de ti. ¿Qué quieres, pues, espectro?... ¿Niego a éste o aquel dios? No, niego a Dios. ¿Y después? Después renace como la salamandra y toma todas las formas como el camaleón...

A él se le puede matar. Lo he matado. ¡El espectro! Los espectros no se pueden matar.

Él está dentro, muerto, pero vivo. Yo, que le he matado, estoy muerto por él... No deja en paz ni siquiera a los muertos, los quiere resucitar... Él está vivo, vivo, pegado como un ave de rapiña al cadáver de mi conciencia. Quisiera resucitarme a picotazos. Pero yo, antes de renacer con él, prefiero vivir muerto sin él. Es más viril. ¿O estúpido?... En resumen, Dios está en mi ateísmo. Yo no sería ateo, si él no existiese. Es una contradicción insoluble. No la resuelvo más que obedeciéndole. No la venzo, sino creyendo en el Dios que niego, afirmando a Dios. Lo quiere mi propio ateísmo, lo exige tiránicamente.

Negar a Dios es la hipótesis prohibida, porque es afirmarle. Lo sé y me rebelo. Si tú no existieses, no te negaría. Y si existieses, ¿por qué esta tremenda tentación de la razón de negarte?

Si tú no existieses, jamás yo hubiera podido pensar en ti...Te pido paz...

Tú, el amor, eres implacable como el amor verdadero y sufrido. Nada persigue más que el amor" >> [iv]

El **Dr. James D. Bales** (1915-1995), resume lo que el ateo cree, de esta manera:

<< El ateo cree que la materia en movimiento es la única realidad. La materia es todo lo que existe. Esto es todo lo que el ateo tiene para comenzar y todo lo que tiene para finalizar. El trozo de tierra en el campo del agricultor, la estrella en el cielo, la madre y su amor, el hombre y su visión, el insecto y el virus, son solamente manifestaciones de materia. Ellos son idénticos en naturaleza, pero diferentes en forma y organización. Ellos son sino trozos de materia colocados uno al otro cubiertos por otros trozos de materia.

La materia existió una vez en una forma desorganizada, pero de un estado de desorden finalmente se convirtió en un ordenado arreglo de nuestro Universo. La materia en movimiento, sin una previsión inteligente o dirección, creó la actual forma de nuestro Universo.

Además, esta materia no viviente creó al hombre viviente; esta materia no pensante, creó al hombre con su poder de reflexión; esta materia no consiente, creó al hombre consciente; esta materia no moral, creó al hombre su sensibilidad moral; y esta materia no religiosa, creó al hombre con sus aspiraciones religiosas.

De tal manera, que para creer en el ateísmo, uno debe creer en un Creador, no viviente, no pensante, no consciente, no moral y no religioso quien hizo al hombre sin ningún uso de inteligencia y sin conocer que sus movimientos sin dirección finalmente crearon al hombre.

¡Que lo crea el que sea demasiado ingenuo! >>^{V}

El Ateísmo No Tiene Fundamento Moral

El ateísmo deja a sus seguidores en un vacío existencial. No les da ningún tipo de esperanza; y tampoco les proporciona respuestas razonables a las preguntas básicas de la vida.

El fracaso del ateísmo para explicar la moralidad

<< El ateísmo como una visión del mundo está intelectualmente en bancarrota y lleno además de problemas filosóficos. En el siguiente artículo vamos a observar la incapacidad desde el punto de vista del ateísmo para explicar la moralidad objetiva.

Primero, necesito aclarar que los ateos pueden ser moralmente buenos y aún, pueden ser personas de integridad. Pero éste no es el tema. El hecho de tener una buena moral no significa que Usted tenga objetivos morales. La buena moral de un ateo podría ser consistente sólo en forma coincidencial con objetivos morales verdaderos en donde para otro ateo este mismo concepto sería totalmente diferente u opuesto.

La moral objetiva está basada en lo externo de la persona. La moral subjetiva es aquella que depende de Usted, de su situación, de su cultura y sus preferencias.

La moral subjetiva cambia, puede ser contradictoria y varía de persona a persona. Esto es lo mejor que el ateísmo tiene para ofrecernos como punto de vista del mundo acerca de la moral.

Piense en lo siguiente: en el ateísmo, no existe un concepto moral de lo que es correcto e incorrecto. No existe una moral del "deber hacer" y del "no deber hacer". ¿Por qué? Porque cuando Usted quita a Dios, está quitando el estándar por el cual se establece la verdadera moral objetiva. En palabras sencillas: en el ateísmo la moral estará siempre en juego.

Desde un punto de vista ateo acerca del mundo, el mentir, el engañar y el robar no son ni correctos ni incorrectos. Existen fenómenos a los cuales, si el ateo decide, se pueden asignar y determinar los valores morales. El ateo podría decirnos que todos deberíamos ayudar a que la sociedad funcione apropiadamente y que en general no beneficia a la sociedad como un todo el mentir, el engañar y el robar; pero éste, es un razonamiento débil, meramente intelectual.

Déjeme explicarle por qué. ¿Qué pasaría si hubiera una catástrofe económica global y que la agitación social fuera tal que el robar a las personas a punta de pistola para obtener comida se convirtiera en algo común? El robo entonces, sería una norma social. ¿Estaría esta norma equivocada?

Si Usted afirma que no, estaría afirmando que la ética va de acuerdo con la situación y no podría entonces quejarse cuando ésta—la norma—fuera usada a la conveniencia del capricho de alguien más y Usted fuera robado a punta de pistola. Claro está, que esto llevaría a la anarquía.

Si Usted dice que tal clase de robo no está bien, entonces, ¿por qué está mal? Si su opinión es que está mal, es lo correcto pensar así, pero las opiniones no hacen estándares éticos. Si Usted dice que está mal, sólo porque está mal, entonces, está evitando responder la pregunta. Además, esto significaría que habría un estándar moral fuera de Usted al cual responder y esto implicaría un Dador de la Ley Moral.

De todas formas, algunos ateos sostienen que el mejor sistema moral es aquel que trae la más grande felicidad, la menos cantidad de sufrimiento y la más grande libertad para tantas personas como se pueda.

Este es un buen sentimiento, pero desafortunadamente no funciona. Tomemos como ejemplo la esclavitud. La más grande felicidad para el mayor número de personas significó que una minoría de personas tuviera que sufrir en esclavitud. De esta forma, la más grande cantidad de libertad está asegurada pero sólo para una mayoría.

Pero si el ateo dice que está equivocado esclavizar a la minoría para beneficiar a la mayoría, entonces, ¿por qué es equivocado? ¿Por qué él lo dice? Si dice que está equivocado porque la minoría está sufriendo, entonces, ¿por qué el sufrir es equivocado? Esto no puede ser placentero; no puede ser correcto. Pero desde el punto de vista de un ateo, ¿por qué es moralmente equivocado oprimir a la minoría para beneficiar a la mayoría? El ateísmo no nos puede ayudar aquí ya que no es su tarea el suministrar respuestas sólidas.

Permítame reiterar diciendo que el ateísmo ofrece un sistema moral subjetivo el cual se basa en la experiencia, condiciones y razón humana. Debido a su propia naturaleza, tal evaluación moral es relativa, peligrosa, cambiante, contradictoria en sí y puede llevar a la

21

anarquía. La moral verdadera no es simplemente una colección de conceptos que están de acuerdo entre sí porque ayudé a detener a la persona con la pistola para que no se lleve su comida. Hay mucho más y la Biblia nos ofrece ese más.

Nos ofrece un grupo objetivo en cuanto a la moral: no mentir, no robar, no cometer adulterio, no levantar falso testimonio, etc. Estas morales no cambian dependiendo de nuestra opinión, su situación o sus preferencias personales. Están basadas en el carácter de Dios y debido a que Dios no cambia, estos conceptos morales tampoco cambian. Por lo tanto, siempre será equivocado mentir, robar, cometer adulterio y levantar falsos testimonios, pero no es así en el vacío moral del ateísmo debido a que esta moral se forma desde el aspecto subjetivo de la persona.

Entonces, si después de una crisis económica un hombre extraño y armado se le acerca en una calle oscura y Usted está llevando comida a su familia, ¿quién quisiera que fuese ese extraño? ¿Un Cristiano que piensa que robar es equivocado y que Dios está mirando? ¿O un ateo que ve una necesidad, le apunta con una pistola y el cual adapta su ética moral sólo a la circunstancia del momento? >>[vi]

¿Dónde está el ateísmo cuando se sufre?

<< Cuando miramos al sufrimiento humano, vemos un dilema de proporciones cósmicas. Es una cuestión que abre las puertas a centenares de otras preguntas. La misma interrogante, cuando se relaciona con la concepción científica de la realidad, surge como un contrapunto al argumento del diseño.

En otras palabras, tal como el científico puede asegurar que el ojo está bien diseñado pero no es perfecto, así también el filósofo reconoce que éste es hasta cierto punto un mundo ordenado, pero ve caprichos en él a causa de la increíble cantidad de sufrimiento humano.

Desde el punto de vista del anti-teísta, la fe religiosa no contesta la cuestión en esencia; sus prescripciones son meramente tragadas con una dosis completa de otras supersticiones. Y aquello, discute, sólo sirve para tranquilizar por un tiempo al individuo sin responder la verdad a la pregunta sobre por qué hay dolor y sufrimiento en el mundo si, en verdad, un todo amante y todopoderoso Dios está al timón. La totalidad del conflicto está además acentuado por la experiencia humana de la muerte —la forma final de dolor y sufrimiento— la cual, de acuerdo con Camus, es el único problema de la filosofía.

Me parece intrigante que a pesar de todos los ataques difamadores que la religión debe encarar, aún permanece como el único bastión de esperanza frente a la muerte, tanto para el difunto como para su dolorida familia. ...Todos los eufemismos y filosofías abstrusas no podrían disminuir el dolor ni eludir los interrogantes. Aquí el ateísmo encuentra un duro desafío.

C.S. Lewis sugirió con perspicacia que sólo los seres humanos nos aproximamos al tema del dolor en la forma que lo hacemos. Su argumento era que no sólo afirmamos la realidad del dolor; sino que colocamos la cuestión en un decidido contexto moral, específicamente la moral de la justicia. ¿Por qué? ¿Por qué? ¿Por qué?

En alguna otra parte Lewis arguye con fuerza que el dolor bien puede ser el megáfono de Dios para despertar un mundo moralmente sordo.

Estos dos asuntos gemelos del contexto y el propósito del dolor, enfatizados por Lewis, son ignorados siempre por los anti-teístas porque apuñalan su pensamiento en el corazón de su más potente crítica contra la existencia de Dios. Al destacar la cuestión del dolor y la muerte en un contexto moral, el anti-teísta revela una notoria contradicción en su entendimiento de la realidad si, al mismo tiempo, niega la existencia de Dios. Si este no es universo moral, ¿por qué colocar la cuestión moralmente? ¿Por qué tratar el tema del dolor en la forma que lo hace?

Por otra parte, si este es un universo moral, ¿no podría toda la experiencia del sufrimiento y el dolor ser en verdad el megáfono de Dios para conducir la atención de la humanidad hacia una realidad moral? Pero si este es un mundo moral, entonces la cuestión llega a ser auto-condenatoria. El ateo está atrapado dolorosamente entre los cuernos de un dilema lógico y moral.

Si para él la cuestión tiene sentido como para plantearla (entonces también es auto-condenatoria), la implicación es que este es un universo moral y por tanto el crítico debe tratar también con su propia inmoralidad. A la inversa, si la cuestión carece de significado porque el mal no es una categoría apropiada en un mundo puramente materialista y sin Dios, entonces el crítico vive en contradicción por colocar su crítica de Dios en términos morales.

De un modo u otro quien pregunta, o la pregunta; se autodestruyen.

Por supuesto, la religión no se justifica sólo por proveer alivio en la desesperanza. No contaría para nada si fuera sólo una solución sicológicamente inducida. Si la verdad religiosa es encarada por un intelecto en actitud no crítica y vista como un escape de la realidad dolorosa, entonces para usar la analogía estructural, el exorcismo de demonios de los desesperanzados sólo abre más ampliamente la psiquis para el dominio total de una séptuple posesión, defraudando al poseído por una más patética ilusión del futuro.

Si, en cambio, la creencia religiosa se basa en la verdad y es sometida al más minucioso escrutinio, entonces la paz y la esperanza que se buscan y se hacen realidad para la vida y la muerte, son legítimas.

Tal escrutinio en busca de la verdad es requerido antes de que uno se someta a las pretensiones de cualquier religión. Pero aquí está la cuestión: ¿Por qué el mismo escrutinio no se aplica al pensamiento que lleva a vivir sin Dios? En pocas palabras, ¿dónde está el ateísmo cuando se sufre? >>[vii]

C. S. Lewis: La conversión de un filósofo

<< C. S. Lewis fue un hombre lleno de amigos, libros y alumnos. Nació en 1898, y en 1925 ya enseñaba filosofía y literatura en Oxford. Hasta su muerte en 1963 fue un profesor eminente, autor de célebres ensayos, cuentos y libros de texto...

...Lewis era ateo porque, desde la temprana muerte de su madre, sentía el universo como un espacio terriblemente frío y vacío, donde la historia humana era en gran parte una secuencia de crímenes, guerras, enfermedades y dolor.

"Si me piden que crea que todo esto es obra de un espíritu omnipotente y misericordioso, me veré obligado a responder que todos los testimonios apuntan en dirección contraria".

En cualquier caso, Lewis se sentía más cómodo en su ateísmo: "Para un cobarde como yo, el universo del materialista tenía el enorme atractivo de que te ofrecía una responsabilidad limitada. Ningún desastre estrictamente infinito podía atraparte, pues la muerte terminaba con todo (...)
El horror del universo cristiano era que no tenía una puerta con el cartel de "Salida".

El problema del dolor

El ateísmo de Lewis había sido fruto de su pesimismo sobre el mundo: "Algunos años antes de leer a Lucrecio ya sentía la fuerza de su argumento, que seguramente es el más fuerte de todos en favor del ateísmo: Si Dios hubiera creado el mundo, no sería un mundo tan débil e imperfecto como el que vemos".

Años después de su conversión, en 1940, Lewis escribe por encargo *The problem of pain* (El problema del dolor).

Si Dios fuera bueno y todopoderoso, ¿no podría impedir el mal y hacer triunfar el bien y la felicidad entre los hombres?

En esas páginas que se han hecho famosas, Lewis reconoce que "es muy difícil imaginar un mundo en el que Dios corrigiera los continuos abusos cometidos por el libre albedrío de sus criaturas.

Un mundo donde el bate de béisbol se convirtiera en papel al emplearlo como arma, o donde el aire se negara a obedecer cuando intentáramos emitir ondas sonoras portadoras de mentiras e insultos".

"En un mundo así, sería imposible cometer malas acciones, pero eso supondría anular la libertad humana. Más aún, si lleváramos el principio hasta sus últimas consecuencias, resultarían imposibles los malos pensamientos, pues la masa cerebral utilizada para pensar se negaría a cumplir su función cuando intentáramos concebirlos.

Y así, la materia cercana a un hombre malvado estaría expuesta a sufrir alteraciones imprevisibles. Por eso, si tratáramos de excluir del mundo el sufrimiento que acarrea el orden natural y la existencia de voluntades libres, descubriríamos que para lograrlo sería preciso suprimir la vida misma".

Pero esto no muestra el sentido del dolor, si es que lo tiene. Ni demuestra que Dios pueda seguir siendo bueno cuando lo permite. Para intentar explicar este misterio Lewis recurre a la que quizá sea la más genial de sus intuiciones.

"El dolor, la injusticia y el error —nos dice— son tres tipos de males con una curiosa diferencia: la injusticia y el error pueden ser ignorados por el que vive dentro de ellos, mientras que el dolor, en cambio, no puede ser ignorado, es un mal desenmascarado, inequívoco: toda persona sabe que algo anda mal cuando ella sufre.

Y es que Dios —afirma Lewis— nos habla por medio de la conciencia, y nos grita por medio de nuestros dolores: los usa como megáfono para despertar a un mundo sordo".

Lewis explica que "un hombre injusto al que la vida sonríe no siente la necesidad de corregir su conducta equivocada. En cambio, el sufrimiento destroza la ilusión de que todo marcha bien". "El dolor como megáfono de Dios es, sin la menor duda, un instrumento terrible. Puede conducir a una definitiva y contumaz rebelión. Pero también puede ser la única oportunidad del malvado para corregirse. El dolor quita el velo de la apariencia e implanta la bandera de la verdad dentro de la fortaleza del alma rebelde".

Lewis no dice que el dolor no sea doloroso. "Si conociera algún modo de escapar de él, me arrastraría por las cloacas para encontrarlo". Su propósito es poner de manifiesto lo razonable y verosímil de la vieja doctrina cristiana sobre la posibilidad de perfeccionarse por las tribulaciones. >>[viii]

¿Es el Ateísmo una Filosofía sin Esperanza?

¿Es el Ateísmo una Filosofía sin Esperanza?

Diálogo entre el Dr. William Lane Craig y el señor Bill:

<< – Hola Dr. Craig,
Leí su artículo titulado "Does God Exist" (¿Existe Dios?) y en él usted dice lo siguiente:

"Si Dios no existe, entonces al final debemos vivir sin esperanza. Si no hay Dios, entonces al final no hay ninguna esperanza de los defectos que resultan de nuestra existencia finita."
Simplemente tengo que estar en desacuerdo con eso. Como ateo, creo que uno ciertamente puede vivir con una esperanza tremenda. Digo que si no existe Dios, entonces al final no tengo que rendir cuenta. No voy a tener temor de presentarme frente a un Dios justo y Santo para rendir cuenta de mi vida. Uno puede vivir la vida que uno escoja como resultado de eso, sin ningún temor de castigo divino. Eso es esperanza para el ateo.

¿Puede usted refutar ese tipo de esperanza?
Gracias,
Bill

– Bueno Bill, ciertamente esta es una defensa novedosa de la esperanza atea: la esperanza de escapar el juicio de Dios. ¡Debo conceder que, en efecto, el ateo podría o debería esperar que él o ella no caiga en las manos del Dios vivo (Hebreos 10:31)! Pero eso realmente no niega lo que yo dije. Yo identifiqué sentidos específicos en que el ateísmo es una filosofía sin esperanza:

Si Dios no existe, entonces al final debemos vivir sin esperanza. Si no hay Dios, entonces al final no hay ninguna esperanza para la liberación de los defectos que resultan de nuestra existencia finita.

Por ejemplo, *no hay esperanza de que seamos librados de la maldad.* A pesar de que muchas personas se hacen la pregunta de que como Dios pudo crear un mundo donde hay tanta maldad, hasta ahora la mayoría de los sufrimientos en el mundo se debe a la propia inhumanidad que comete el hombre contra el hombre. El horror de las dos guerras mundiales del siglo pasado efectivamente destruyó el optimismo ingenuo del siglo 19 acerca del progreso humano.

Si Dios no existe, entonces estamos atrapados sin esperanza en un mundo lleno de sufrimiento injustificado y no redimido, y no hay esperanza de que seamos librados de la maldad.

O de nuevo, si no hay Dios, *no hay esperanza de que seamos librados del envejecimiento, de la enfermedad y de la muerte.* Aunque pueda ser difícil para ustedes como estudiantes universitarios contemplar, el grave hecho es que al menos que ustedes mueran a una edad joven, algún día ustedes—sí ustedes mismos—serán hombres viejos o mujeres viejas, luchando una batalla a perder con el envejecimiento, luchando contra el avance inevitable de la deterioración, la enfermedad, quizás la senilidad.
Al final e inevitablemente ustedes morirán. No hay vida más allá de la tumba. Por lo tanto, el ateísmo es una filosofía sin esperanza.

Puede observar que estoy hablando de los defectos de nuestra existencia finita. Yo identifico dos en particular: (i) La maldad y (ii), el envejecimiento, la enfermedad y la muerte.

Me parece que el ateísmo no tiene esperanza es esos asuntos. En un pasaje famoso, el filósofo ateo Bertrand Russell lamentaba: Que el Hombre es el producto de causas que no tenían previsión alguna del fin que estaban logrando;

...que ningún fuego, ningún heroísmo, ninguna intensidad de pensamiento o de sentimiento, pueden preservar la vida individual más allá de la tumba; que todos los trabajos de todas las épocas, toda la devoción, toda la inspiración, todo el brillo meridiano del genio humano, están destinados a la extinción en la vasta muerte del sistema solar y que el templo entero de la conquista del hombre habrá de quedar inevitablemente soterrado bajo los escombros de un universo en ruinas— todas estas cosas, si no están totalmente más allá de toda discusión, son tan aproximadamente seguras, con todo, que ninguna filosofía que las contradiga puede esperar subsistir.

Únicamente en el armazón de estas verdades, únicamente sobre el fundamento firme de la desesperación inexorable, puede construirse en adelante con seguridad la morada del alma.

Sastre, Camus y muchos otros ateos han expresado elocuentemente la desesperación a la que lleva el ateísmo. En este sentido, el ateísmo no tiene esperanza.
Irónicamente, por el contrario el cristianismo no sólo proporciona esperanza para la liberación del mal y del envejecimiento, la enfermedad y la muerte, sino que también proporciona la esperanza que usted mismo aprecia: *la liberación de las manos de un Dios justo y santo*. Ese fue el mayor entendimiento de Martín Lutero.

La misma justicia de Dios que obró su condenación como pecador fuera de Cristo, esa misma justicia se hizo la fuente de salvación para él como alguien que se unió con Cristo por fe. Porque cuando usted confía en Cristo como su Salvador y Señor, Dios considera la cuenta suya en la justicia de Cristo. "Pues, ninguna condenación hay para los que están en Cristo Jesús" (Romanos 8:1).

De manera que cualquier esperanza que pueda entretener el ateo es disfrutada muchas veces más por el cristiano, ya que disfrutamos no meramente el escape de juicio, sino la salvación positiva. Usted podría decir que los cristianos renuncian el poder de actuar con impunidad, como puede el ateo. ¡Lo otorgo eso, pero Bill, yo no quisiera actuar de esa manera!

Cuando usted viene a Cristo, Dios cambia los deseos que usted tiene para que usted quiera vivir una vida de justicia e intachable. La Biblia dice que el fruto con lo que el Espíritu de Dios está llenando su vida es amor, gozo, paz, paciencia, amabilidad, bondad, fidelidad, humildad y dominio propio (Gálatas 5:22). Piense de esa lista de virtudes personales. ¿No es esa el tipo de persona que le gustaría ser?

Un punto final: usted ha descrito la esperanza del ateo.

¿Qué tan firme es esa esperanza? ¿Qué tan bien fundamentada está ella? Muchos de los ateos con los que hablo admiten que el ateísmo no puede ser probado. De hecho, muchos insisten en eso. Pero entonces, ¿cómo sabe usted que el ateísmo es verdadero?

La esperanza del cristiano está bien fundamentada, no sólo en el testimonio del Espíritu Santo, sino también en los argumentos de la teología natural y en la evidencia a favor de Jesús y de su resurrección.

Pero la esperanza del ateo, por su propia confesión, no tiene ningún fundamento fuerte. Entonces, ¿qué pasa si la esperanza que usted tiene está mal fundamentada? ¿Qué si usted está equivocado? >>[ix]

El fracaso del ateísmo para explicar la existencia

<< El ateísmo como una visión del mundo está intelectualmente en bancarrota y lleno además de problemas filosóficos. Uno de sus mayores problemas es la falta de capacidad para explicar nuestra propia existencia.

Es obvio que existimos y aún cuando a los ateos les gusta vender la bandera de la evolución, la evolución no es el tema aquí. Más bien, necesitamos regresar y preguntar: ¿De dónde viene el universo? Verá: lo que haya llegado a existir fue causado por algo para que esto llegara a existir. El universo llegó a existir; así que: ¿Qué hizo que éste llegara a existir?

Al responder esta pregunta existen sólo dos posibilidades para registrar la causa del universo: una causa impersonal y una causa personal. Esta es una figura antónima que agota todas las posibilidades. Por lo tanto, es la primera o la segunda. No existe una tercera opción. Vamos primero a mirar la opción ateísta para explicar el universo como una causa impersonal.

Si el ateo dijera que el universo se trajo a sí mismo a existencia, entonces, esto sería ilógico ya que algo que no existe no tiene naturaleza, y sin naturaleza, no hay atributos; y sin atributos, las acciones no pueden ser llevadas a cabo, como es el caso del universo, de traerse a sí mismo a existencia. Así que esta causa no funciona.

Si el ateo dijera que el universo siempre ha existido, esto tampoco funciona ya que significaría que el universo es infinitamente viejo. Si éste es infinitamente viejo ¿por qué no se le ha acabado la energía utilizable de acuerdo a la 2ª ley de la termodinámica?

35

Para poder llegar también al presente en un universo infinitamente viejo, tendría que cruzar una cantidad infinita de tiempo; pero es imposible cruzar una cantidad infinita de tiempo para llegar al ahora. Estos problemas significarían también que no podría haber una cantidad infinita de ciclos anteriores del universo donde expandirse y contraerse para siempre. Así que, éstas explicaciones tampoco resultan.

Si el ateo dijera que la materia y/o energía de alguna forma ha existido eternamente antes del universo, sólo que en formas diferentes; entonces, el mismo tema de cruzar una cantidad infinita de tiempo para llegar al ahora negaría esa idea.

Pero esta explicación establecería otro problema. Si las condiciones necesarias para la causa del universo siempre han existido dentro de la materia preexistente; entonces, el efecto del universo siendo transformado, es un resultado necesario de que la materia y la energía, y el mismo universo, habrían sido formados hace un tiempo largo e indefinido.

Pero esto no puede resultar, ya que significaría que por ahora el universo ya no tendría energía utilizable —*una vez más se nos presenta el problema de entropía*— sin mencionar el problema perpetuo de cruzar una cantidad infinita de tiempo para llegar al ahora. Así que, ésta explicación tampoco funciona.

Así que el universo, el cual está compuesto de materia y energía, no puede ser infinitamente viejo, ni en su forma presente, ni en cualquier otra forma. Entonces, ¿cómo sucedió? Y finalmente, ¿cómo llegamos a éste? El ateísmo no nos puede ayudar aquí.

Así que vamos a volver nuestra atención a la segunda opción: Una causa personal. Si existe una influencia personal *(lo que significaría que un ser personal obró sobre el universo)*, entonces tenemos una explicación para la causa del universo. Permítame explicarlo.

Una roca no cambia súbitamente de ser una roca, a convertirse en una cabeza de hacha; a menos que actúe sobre ésta algo más. Para que la materia y la energía cambien y se forme algo nuevo, tiene que haber un obrar externo. Debemos preguntarnos: ¿Qué obró en la materia y en la energía que hizo que el universo existiera?

Lo que causó que el universo existiera tenía que existir antes del mismo universo. Debido a que el universo tuvo un principio en el tiempo y debido a que la materia y la energía no cambian espontáneamente y se acomodan a sí misma para formar algo nuevo; entonces, la mejor explicación para la causa del universo, es una acción debida a una decisión.

En otras palabras: Una decisión para actuar en un tiempo específico en el pasado es la mejor explicación de la existencia del universo.

Claro está, nosotros los Cristianos diríamos que esta decisión fue tomada por un ser personal a quien nosotros llamamos Dios.

¿Ve que el ateo no tiene nada para ofrecernos con relación al tema importante de explicarnos cómo llegamos aquí?

El ateísmo no puede responder una de las preguntas filosóficas más importantes con relación a nuestra propia existencia. Si ofrece alguna explicación, ésta será deficiente y le faltará demostrarlo; Así que, lo que sólo puede ofrecernos es: ignorancia y conjeturas.

Finalmente, trataré con una de las objeciones estandarizadas que los ateos tienen cuando se presenta este tema: ¿Qué trajo a Dios a la existencia?

La respuesta es simple: Nada ni nadie lo trajo a Él a existencia. Él siempre ha existido. Él es la causa no-causada. Piense acerca de esto: Usted no puede tener una regresión infinita de causas. Es como tener una línea infinita de dominós cayendo uno sobre otro.

Si Usted regresa infinitamente en el tiempo para tratar de encontrar el primer dominó que inició todo esto, Usted nunca lo encontrará ya que tendría que cruzar una cantidad infinita de tiempo para obtenerlo; lo cual es, imposible de hacer.

Esto también significaría que no se puede tener una regresión infinita de causas. Aún más, esto significaría que nunca existió una causa primera. Si no existe una causa primera, entonces, no podría haber una segunda, o una tercera, y así sucesivamente y Usted no tendría a ninguna de estas fichas cayendo.

Pero debido a que están cayendo, tiene que haber una primera causa, que en sí fue no-causada y que inició todo en un tiempo específico en el pasado. Así es con el universo también: Hubo una causa para que éste existiera en un punto específico en el tiempo. La causa no-causada es Dios, el cual decidió crear el universo y quien, como dice la Biblia en Salmo 90:2, *"Desde el siglo y hasta el siglo, tú eres Dios.*>> ^{x}

Percibiendo la realidad

Es importante saber por qué las personas entran en contradicción al analizar ciertos temas, si cuentan con métodos científicos muy precisos y parten de las mismas informaciones. Todo tiene que ver con la manera como perciben la realidad. Como bien declara Frank Zorrilla, en su libro: *"Conociendo a Dios a través de la Ciencia":*

<< "La realidad entre los seres humanos varía en función de dos cosas: primero, de la percepción de cada individuo ante los acontecimientos que forman parte de su vida y segundo, de la conciencia objetiva de cada uno ante tales acontecimientos.

Es decir, dos personas pueden tener realidades distintas dependiendo del modo de analizar los acontecimientos, la educación que han recibido, y las experiencias que les han tocado vivir en el transcurso de sus vidas en estado de conciencia.

Nuestra conciencia objetiva es producto directo de un condicionamiento de nuestra visión del mundo; tomando como referencia valores adquiridos a través de la educación que hemos recibido en el hogar, en las escuelas y en el ambiente social que nos desenvolvemos a diario.

Muchas veces, concebimos una visión del mundo de acuerdo a parámetros aprendidos cuando éramos niños; y arrastramos en nuestra memoria celular, paradigmas que luego son parte de nuestro modo de ser y de actuar.

Por eso la importancia de la buena instrucción o educación desde temprana edad. Por lo general, el ser humano crece y se desarrolla como persona en base a un acondicionamiento social o hipnosis colectiva; aceptando la realidad desde un punto de vista específico y no analítico consciente.

Básicamente formamos nuestra realidad de acuerdo a valores materiales que percibimos a través de nuestro sistema corporal; y muchas veces no hacemos énfasis en lo sublime e intangible." >>[xi]

O, como lo explica Stephen R. Covey, en su famoso libro: *"Los 7 hábitos de la gente altamente efectiva":*

<< Todos tenemos muchos mapas en la cabeza, que pueden clasificarse en dos categorías principales: mapas del *modo en que son las cosas,* o realidades; y mapas del *modo en que deberían ser,* o valores. Con esos mapas mentales interpretamos todo lo que experimentamos. Pocas veces cuestionamos su exactitud; y por lo general, ni siquiera tenemos conciencia de que existen.

Simplemente *damos por sentado* que el modo en que vemos las cosas corresponde a lo que realmente son o a lo que deberían ser. Estos supuestos dan origen a nuestras actitudes y a nuestra conducta. El modo en que vemos las cosas es la fuente del modo en que pensamos y del modo en que actuamos.

Antes de seguir adelante, invito al lector a una experiencia intelectual y emocional. Observemos durante algunos segundos el dibujo de la ***página 41***.

Ahora mire la figura de la *página 44* y describa cuidadosamente lo que ve.

...

¿Ve una mujer? ¿Cuántos años tiene? ¿Cómo es? ¿Qué lleva puesto? ¿En qué roles la ve?

Es probable que describa a la mujer del segundo dibujo como una joven de unos veinticinco años, muy atractiva, vestida a la moda, con nariz pequeña y aspecto formal. Si usted es un soltero, le gustaría invitarla a salir. Si su negocio es la ropa femenina, tal vez la emplearía como modelo.

Pero, ¿y si yo le dijera que está equivocado? ¿Qué pensaría si yo insistiera en que se trata de una mujer de 60 o 70 años, triste, con una gran nariz, y que no es en absoluto una modelo? Es el tipo de persona a la que usted probablemente ayudaría a cruzar la calle.

¿Quién tiene razón? Vuelva a mirar el dibujo. ¿Logra ver a la anciana? En caso contrario, persista. ¿No identifica su gran nariz ganchuda? ¿Su chal?

Si usted y yo estuviéramos hablando frente a frente podríamos discutir el dibujo. Usted me describiría lo que ve, y yo podría hablarle de lo que veo por mi parte. Podríamos seguir comunicándonos hasta que usted me mostrara claramente lo que ve y yo le mostrara lo que veo.

Como ése no es el caso, pase a la *página 44* y examine esa otra figura. Vuelva a la anterior. ¿Puede ver ahora a la anciana? Es importante que lo haga antes de continuar leyendo.

Descubrí este ejercicio hace muchos años en la Harvard Business School. El instructor lo usaba para demostrar con claridad y elocuencia que dos personas pueden mirar lo mismo, disentir; y sin embargo estar ambas en lo cierto. No se trata de lógica, sino de psicología...

...Los argumentos iban y venían, con los dos interlocutores seguros y firmes en sus posiciones... Sin embargo, al principio, sólo unos pocos tratamos realmente de ver la figura con otro marco de referencia...

Después de un rato de discusión fútil, un alumno se acercó a la pantalla y señaló una línea del dibujo. *«Éste es el collar de la joven»*, dijo. Otro respondió: *«No, ésa es la boca de la anciana»*. Poco a poco empezaron a examinar con calma puntos específicos de diferencia; y finalmente un alumno, y después otro, hicieron la experiencia de un reconocimiento súbito al centrarse en las imágenes respectivas.

Mediante una continuada comunicación, tranquila, respetuosa y específica, todos los que nos encontrábamos allí finalmente llegamos a comprender el otro punto de vista. Pero cuando dejábamos de mirar y a continuación volvíamos a hacerlo, la mayoría de nosotros veíamos de inmediato la imagen que nos habían «obligado» a ver con la observación previa de diez segundos...

...Si diez segundos pueden tener semejante efecto en el modo en que vemos las cosas, ¿qué cabe decir del condicionamiento de toda una vida? >>[xii]

Noticia sobre Antony Flew, un renombrado ateo que se volvió creyente:

<< Antony Flew, ateo más férreo e influyente del mundo, acepta la existencia de Dios. Inglaterra | Viernes 29 de Mayo, 2009

Considerado hasta 2004 el filósofo ateo más férreo e influyente del mundo, Antony Flew acepta ahora la existencia de Dios. En su libro *"Hay un Dios: Cómo el ateo más notorio del mundo cambia de parecer"*, Flew explica el por qué de ese cambio: recientes investigaciones científicas sobre el origen de la vida y el ADN revelan la existencia de una "inteligencia creadora", asegura.

Durante más de cinco décadas, este filósofo inglés fue uno de los más vehementes ateos del mundo. Escribió libros y, con audiencias multitudinarias, debatió con conocidos pensadores creyentes, entre otros con el célebre apologista cristiano C. S. Lewis.

Sin embargo, en el que celebró en la Universidad de Nueva York en 2004, los asistentes quedaron sorprendidos cuando Flew anunció que para entonces ya aceptaba la existencia de Dios y que se sentía especialmente impresionado por el testimonio del cristianismo.

En su libro, cuyo título original es *'There is a God. How the world's most notorious atheist changes his mind'* (Nueva York: Harper One, 2007), Flew no sólo desarrolla sus propios argumentos sobre la existencia de Dios, sino que argumenta frente a los puntos de vista de importantes científicos y filósofos acerca de la cuestión de Dios.

Su investigación le llevó a examinar, entre otros, los trabajos críticos de David Hume, el principio de causalidad; y los argumentos de importantes científicos como Richard Dawkins, Paul Davies y Stephen Hawking. Otro de los pensamientos sobre Dios que tomó como referencia fue el de Albert Einstein; ya que, lejos de lo que afirman ateos como Dawkins, Einstein fue claramente creyente.

"Inteligencia creadora" – ¿Qué llevó a Flew a cambiar tan radicalmente su concepto de Dios? Él explica que la razón principal nace de las recientes investigaciones científicas sobre el origen de la vida; unas investigaciones que muestran la existencia de una "inteligencia creadora".

Tal como expuso en el simposio celebrado en 2004, su cambio de postura fue debido *"casi enteramente a las investigaciones sobre el ADN":* "Lo que creo que el ADN ha demostrado, debido a la increíble complejidad de los mecanismos que son necesarios para generar vida, es que tiene que haber participado una inteligencia superior en el funcionamiento unitario de elementos extraordinariamente diferentes entre sí", asegura.

"Es la enorme complejidad del gran número de elementos que participan en este proceso y la enorme sutileza de los modos que hacen posible que trabajen juntos. Esa gran complejidad de los mecanismos que se dan en el origen de la vida, es lo que me llevó a pensar en la participación de una inteligencia", añade Flew.

En cuanto a la teoría de Richard Dawkins de que el llamado 'gen egoísta' es el responsable de la vida humana, Flew la califica de *"ejercicio supremo de mitificación popular*". "Los genes, por supuesto, ni pueden ser egoístas ni no-egoístas, de igual modo que cualquier otra entidad no-consciente, no puede ni entrar en competencia con otra, ni hacer elecciones".

"Ahora creo que el universo fue fundado por una Inteligencia infinita y que las intrincadas leyes del universo ponen de manifiesto lo que los científicos han llamado la Mente de Dios. Creo que la vida y la reproducción se originaron en una fuente divina", dice.

"Tres dimensiones que apuntan a Dios" – "¿Por qué sostengo esto, después de haber defendido el ateísmo durante más de medio siglo? La sencilla respuesta es que esa es la imagen del mundo, tal como yo la veo; que emerge de la ciencia moderna. La ciencia destaca tres dimensiones de la naturaleza que apuntan a Dios".

"La primera es el hecho de que la naturaleza obedece leyes. La segunda, la existencia de la vida, organizada de manera inteligente y dotada de propósito, que se originó a partir de la materia. La tercera es la mera existencia de la naturaleza. Pero en este recorrido no me ha guiado solamente la ciencia. También me ayudó el estudio renovado de los argumentos filosóficos clásicos", señala.

"Mi salida del ateísmo no fue provocada por ningún fenómeno nuevo ni por un argumento particular. En realidad, en las dos últimas décadas, todo el marco de mi pensamiento se ha trastocado. Esto fue consecuencia de mi permanente valoración de las pruebas de la naturaleza. Cuando finalmente reconocí la existencia de Dios no fue por un cambio de paradigma, porque mi paradigma permanece", concluye.

"Este es mi libro" – A raíz de la publicación del libro, llovieron las críticas por parte de sus colegas por el cambio realizado, entre ellas la de Mark Oppenheimer en un artículo titulado El cambio de un ateo.

Oppenheimer caracteriza a Flew como un viejo hombre senil que es manipulado y explotado por los cristianos evangélicos, para sus propios propósitos.

Además, le acusa de haber firmado un libro que nunca escribió. Sin embargo, Flew, de 86 años de edad, responde de forma concluyente: "Mi nombre está en el libro y representa exactamente mis opiniones. No permitiré que se publique un libro con mi nombre con el cual no estoy cien por ciento de acuerdo".

"Necesité que alguien lo escribiera porque tengo 84 años –dijo entonces-. Ese fue el papel de Roy Varghese. La idea que alguien me manipuló porque soy viejo es exactamente incorrecta. Puedo ser viejo, pero es difícil que alguien me manipule. Este es mi libro y representa mi pensamiento", sentenció. >>[xiii]

El Ateísmo No Tiene Fundamento Científico

"El hombre encuentra a Dios detrás de cada puerta que la ciencia logra abrir."
Albert Einstein *(1879-1955).*

"Un poco de ciencia aleja de Dios, pero mucha ciencia devuelve a Él."
Louis Pasteur *(1822-1895)*

« ¿Quién, que vive en íntimo contacto con el orden más consumado y la sabiduría divina, no se sentirá estimulado a las aspiraciones más sublimes? ¿Quién no adorará al Arquitecto de todas estas cosas?».
Nicolás Copérnico *(1473 –1543)*

Anécdota sobre Isaac Newton:

<< ¿Cuántas veces hemos escuchado personas que afirman que la fe y la ciencia son opuestas? ¿Fe vs Razón?

Pero, tal contradicción no existe. La razón, por lógica, nos lleva a creer en un Dios; ya que se supone que detrás de todo efecto, hay una causa justa. En otras palabras alguien tuvo que haber hecho todo lo que vemos a nuestro alrededor. La causa justa más razonable, es Dios.

Isaac Newton, uno de los grandes científicos de toda la historia, un hombre de razonamiento; sí creyó en Dios. Aquí tenemos unas frases de este gran hombre que revolucionó la ciencia de su tiempo:

"A falta de otra prueba, el dedo pulgar por sí solo me convencería de la existencia de Dios"

"Este bellísimo sistema compuesto por el Sol, los planetas y los cometas no pudo menos que haber sido creado por consejo y dominio de un ente poderoso e inteligente... El Dios Supremo es un Ser eterno, infinito, absolutamente perfecto." Principia.

En cierta ocasión Newton hizo que un hábil mecánico le hiciera un modelo del sistema solar. Bolas que representaban los planetas estaban engranadas juntas, de modo que su movimiento en órbita fuera conforme a la realidad. Un día un amigo ateo visitó a Newton. Al ver el modelo, lo hizo funcionar, y exclamó lleno de admiración: "¿Quién lo hizo?" Newton respondió: "¡Nadie!"

El ateo replicó: "¡Tú crees que soy un tonto! Por supuesto que alguien lo ha hecho, y es un genio". Entonces Newton le dijo a su amigo: "Esto no es sino una imitación insignificante de un sistema mucho mayor cuyas leyes tú conoces; y yo no puedo convencerte de que este simple juguete no tiene diseñador y hacedor; ¡sin embargo, tú afirmas creer que el gran original del cual se tomó este diseño, ha llegado a existir sin diseñador o hacedor!" >>[xiv]

Errores del ateísmo acerca del origen del universo

<< Si Dios no existe, entonces Él no es el creador del universo. Por lo tanto el universo no ha sido creado. Ergo, o bien el universo ha surgido de la nada, o bien es eterno.

La primera de ambas alternativas es evidentemente absurda, porque de la nada no puede surgir nada.

Mostraremos con un ejemplo cómo, en su afán de rechazar a toda costa la existencia de Dios, los "sabios" partidarios del ateísmo son capaces de sostener las afirmaciones más inverosímiles.

En uno de sus muchos libros de divulgación científica, Isaac Asimov propuso una teoría acerca del origen del universo a partir de la nada, basándose en una analogía con la siguiente fórmula: $0 = 1 + (-1)$. Así como el 0 "produce" el 1 y el -1, la nada ha podido producir, en el origen del tiempo, un universo material y un "anti-universo" *(o universo de antimateria)*. *Este* razonamiento contiene dos gruesos errores:

- El ente ideal "cero" no es la causa del ser de los entes ideales "uno" y "menos uno". Una identidad matemática no es una relación causal entre números.

- No hay una verdadera correspondencia entre los tres números considerados, y tres entes reales; o mejor dicho, un ente real (el universo), un ente hipotético (el "anti-universo"); y un no-ente (la nada).

En suma, de esa identidad matemática no se puede deducir una relación causal entre esos entes reales; por lo tanto, el ateísmo desemboca en esta conclusión: El universo ha de ser eterno.

La corriente de pensamiento ateo más difundida en la actualidad es el *cientificismo* o *positivismo*. La premisa básica del cientificismo es que el único conocimiento verdadero que el hombre puede alcanzar es el que proviene de las ciencias particulares: matemática, física, química, astronomía, geología, biología, etc. *(eventualmente incluirán también las ciencias humanas: psicología, sociología, economía, política, historia, etc.).*

Ahora bien, las ciencias particulares no prueban ni pueden probar que el universo es eterno, sino que lo suponen. Por consiguiente esta falsa suposición contradice el principio fundamental del positivismo.

Esta contradicción es la consecuencia de otra contradicción mayor. El punto de partida oculto del pensamiento positivista es la negación de la existencia de Dios, aunque las ciencias particulares tampoco prueban ni pueden probar, la inexistencia de Dios.

En realidad, el positivismo está basado en (falsos) postulados no científicos, sino filosóficos; cuya verdad se presupone sin ninguna justificación racional. De este modo el cientificismo, que se presenta a sí mismo como la verdad científica, resulta ser solamente una falsa (y a menudo inconsciente) filosofía.

La ciencia contemporánea no sólo no prueba que el universo sea eterno, sino que incluso sugiere con mucha fuerza la idea de que el universo tuvo un comienzo absoluto en el tiempo. El consenso mayoritario de los científicos actuales apoya la *teoría del Big Bang,* que implica dicho comienzo absoluto.

Es verdad que en rigor, aun suponiendo demostrada la hipótesis del *Big Bang,* la ciencia no puede demostrar la creación del universo.

Lo que pasó "antes" del tiempo cero de la Gran Explosión está más allá de los límites del conocimiento científico, y sólo puede ser escudriñado por medio de la teología y la filosofía, que no son ciencias particulares sino ciencias universales... >>[xv]

Son muchos los científicos famosos que han expresado su rechazo a la creencia de que todo el universo surgió de la nada; sino que confiesan creer en el Creador. He aquí uno de ellos:

Una entrevista muy interesante

El Dr. Francis S. Collins, M.D. Ph.D., director del Proyecto Genoma Humano y del Instituto Nacional de Salud de Estados Unidos, en una entrevista que le hizo Jon M. Sweeney, la cual se publicó originalmente en inglés en la revista *"Explorefaith"* y luego fue publicada en español, dijo:

<< Los humanos hemos comenzado la batalla entre ciencia y fe, y nos corresponde acabarla; declara el director del Proyecto Genoma Humano y del Instituto Nacional de Salud de Estados Unidos, Francis Collins, en la siguiente entrevista. Añade que se puede encontrar a Dios en el laboratorio de igual forma que en una catedral

y que desentrañar los misterios de la naturaleza aumenta el sentimiento de sobrecogimiento, más que eliminarlo.

Considera que la fe es una forma de comprender los misterios profundos que la ciencia es incapaz de resolver; y que el Diseño Inteligente, una alternativa al darwinismo atractiva para muchos cristianos, es científicamente defectuosa en cosas fundamentales...

Entrevista realizada por Jon M. Sweeney.

Usted es director del Proyecto Genoma Humano, pero parece que ha ganado una cierta notoriedad bajo el título del "científico que cree en Dios". ¿Se siente "llamado" a representar ese papel, en este momento de la historia?

Yo no diría tanto, dado que la expresión "ser llamado" implica algún tipo de "misión" especial encargada por Dios, y sólo Dios conoce cuáles son nuestras misiones.
 Ciertamente, he tenido la fortuna de que se me pidiera liderar una empresa científica de importancia histórica, el Proyecto Genoma Humano, y este hecho aún hoy me maravilla.

Uno de los objetivos del proyecto ha sido considerar las implicaciones éticas, legales y sociales de los rápidos avances en la investigación genética. Dado que la mayoría de los americanos son creyentes, ha resultado natural incluir algunas reflexiones teológicas en dichas consideraciones, y mi propia divagación sobre ciencia y fe podría ser considerada como parte de ese esfuerzo.

Muchos científicos, como yo, creen en Dios; pero en general hemos estado más bien callados acerca de nuestras creencias. Sin embargo, creo que vivimos un momento crítico, especialmente en los Estados Unidos, frente a la decisión de cómo buscar verdad y sentido a nuestra vida ante el siglo XXI.

Evidentemente, necesitaremos a la ciencia para que nos ayude a resolver muchos de nuestros problemas (enfermedades, sistemas de comunicación, cuidado del planeta). Pero una aproximación puramente materialista, desprovista del aspecto espiritual de la humanidad, nos empobrecerá.

Después de todo, han existido ya en la historia intentos de este tipo que resultaron devastadores, como la Rusia comunista. Los humanos hemos comenzado la batalla entre ciencia y fe, y nos corresponde acabarla. Si puedo contribuir de alguna manera a redescubrir la armonía entre ambas, entonces me sentiré verdaderamente bendecido.

Usted ha dicho que el ADN es "la lengua de Dios". ¿Lo dice literalmente o en sentido metafórico?

Un poco en ambos sentidos. Creo que el universo fue creado por Dios con la intención concreta de dar lugar a vida inteligente.

Dado que en el ADN se encuentra la información molecular de todas las cosas vivas, se puede entender éste como el "Logos" que Dios ha usado para dar vida a los seres...

Como científico, usted ha probado sus suposiciones y creencias. Pero, como cristiano, usted ha dicho que ha dado "un salto de fe". ¿Por qué estos dos caminos diferentes?

Quizá no sean tan distintos. Tanto ciencia como fe son formas de buscar la verdad. La ciencia la busca observando cómo funciona el mundo natural, y la fe busca respuestas a cuestiones más profundas, como ¿por qué hay algo en lugar de nada? o ¿cuál es el sentido de la vida? o ¿existe Dios?

Todo requiere un cierto elemento de fe, no se puede ser científico si no se tiene fe en el hecho de que existe un orden en la Naturaleza y que ésta se comportará de una manera reproducible y predecible. Pero esto no constituye una prueba –aparentemente Dios tenía la intención de dejarnos tomar esta decisión. Quizá un salto de fe como éste suene arrebatado a un materialista convencido pero, ¿puede usted demostrar la belleza o el amor?

En un comentario que escribió recientemente para CNN.com, mencionó que el "40 por ciento de los científicos en activo se reconocen creyentes". Este número me parece un poco sorprendente. ¿Es eso cierto? ¿Están muchos de ellos "en el armario"?

Una famosa encuesta realizada en 1917, y de nuevo en 1997, documentó este porcentaje acerca de las creencias de los científicos. Mucha gente se quedó sorprendida por esta estadística, y también por el hecho de que el número no hubiese cambiado durante el siglo XX. ¿Por qué no se escucha más sobre esos científicos creyentes? Existe un tabú acerca de la discusión de temas de fe en los círculos científicos; y los científicos creyentes a menudo temen que sus colegas les vean como menos rigurosos intelectualmente, si reconocen que creen en Dios.

¿Cómo cultiva usted su vida espiritual? ¿Diariamente, semanalmente?

Trato de no hacer divisiones. Intento dedicar tiempo a la oración por la mañana, cuando el resto del mundo aún está en silencio. Pero también trato de mantener mi lado espiritual despierto y alerta durante el día. Tengo una Biblia en mi mesa de trabajo. Pero, para ser honesto, no soy modélico en este aspecto. A menudo me doy cuenta de que, al final del día, las inevitables urgencias cotidianas pueden con mis intenciones de ser más equilibrado.

Y normalmente tampoco soy un practicante regular. Sería por tanto más justo decir que aún intento profundizar en mi relación con Dios, y que ésta es una tarea para toda la vida.

Volviendo al comentario que usted escribió para la CNN, me encanta su frase final: *"A través de la investigación de la majestuosa e impresionante obra de Dios, la ciencia puede realmente ser un medio de culto".* **Me pregunto si esto quiere decir que su trabajo científico, en sí mismo, alimenta su vida espiritual...**

Completamente. Como científico que además es creyente, descubro en la exploración de la naturaleza una vía de comprensión de la mente de Dios. Se puede encontrar a Dios en el laboratorio, de igual forma que en una catedral.

Usted es un científico al que claramente le interesan los misterios (una palabra que he comprobado que usa a menudo) del mundo físico. ¿No dirían muchos de sus colegas de la comunidad científica que el propósito de la ciencia es eliminar el misterio tanto como sea posible?

¡Por supuesto! Pero siempre quedan más cosas por explorar. Y, según mi experiencia, desentrañar los misterios de la naturaleza aumenta el sentimiento de sobrecogimiento, más que eliminarlo. La fe es además una forma de intentar comprender los misterios profundos que la ciencia es incapaz de resolver, por ejemplo, el sentido de la vida... >>[xvi]

En otra ocasión, el Dr. Francis Collins, dijo:

<< << "Soy científico y creyente y no veo ningún conflicto entre ambas visiones del mundo. Como director del Proyecto Genoma Humano, he dirigido un consorcio internacional de científicos para descifrar los 3100 millones de letras del genoma humano, nuestro libro de instrucciones del ADN.

Como creyente, considero el ADN como el lenguaje de Dios; y la elegancia y complejidad de nuestros cuerpos y del resto de la naturaleza, como un reflejo de su plan.

Durante mi época como estudiante de Química, en los años setenta, era ateo, pues no encontraba ninguna razón para postular la existencia de verdades fuera de las matemáticas, la física y la química. Pero entonces llegué a la facultad de Medicina y me encontré los temas de la vida y la muerte al lado de las camas de mis pacientes.

Desafiado por uno de ellos que me preguntó *"¿En qué cree usted?, doctor",* comencé a buscar respuestas.

Tuve que admitir que la ciencia que tanto amaba era impotente para responder a cuestiones como ¿cuál es el significado de la vida?, ¿por qué estoy aquí?, por qué las matemáticas se cumplen en cualquier lugar?; si el Universo tuvo un comienzo, ¿quién lo creó?; ¿por qué las constantes físicas del Universo están tan elegantemente sintonizadas y ajustadas para permitir la posibilidad de complejas formas de vida?; ¿por qué los hombres tienen un sentido moral?; ¿qué ocurre después de la muerte?. Siempre había asumido que la fe se basaba en argumentos puramente emocionales e irracionales; y me quedé asombrado al descubrir, inicialmente en los escritos del profesor de Oxford C. S. Lewis y después en muchas otras fuentes, que se podía construir un sólido edificio que sustentara la plausibilidad de la existencia de Dios sobre terrenos puramente racionales.

Pero la razón sola no puede probar la existencia de Dios. La fe es razón más revelación; y la parte revelada requiere que uno piense con el espíritu y con la mente. Uno tiene que oír la música; no sólo leer las notas de la partitura.

Algunos me han preguntado si no ha estallado mi cerebro; si puedo seguir intentando comprender el funcionamiento de la vida usando las herramientas de la genética y la biología molecular y, al mismo tiempo, adorar a un Dios creador; si no son incompatibles la evolución y la fe en Dios, y si puede un científico creer en milagros como la resurrección.

En realidad, no veo ningún conflicto en estos interrogantes y aparentemente tampoco lo ven el 40 por ciento de los científicos que confiesan ser creyentes...

...He visto que hay una maravillosa armonía en las verdades complementarias de la ciencia y la fe. El Dios de la Biblia es también el Dios del genoma. Puede ser encontrado en una catedral o en un laboratorio. Investigando la majestad de Dios y la impresionante creación, la ciencia puede de hecho tener un motivo de adoración." >> [xvii]

Un importante estudio de investigación

Hay una investigación muy amplia, la cual recomiendo a toda persona que ha estudiado Biología y/o Ciencias, que la analice con diligencia. Es un análisis bien profundo que claramente resume la ambigüedad científica sobre el origen de la vida, conociendo los alcances del ADN; la cual fue realizada por Stephen C. Meyer y la ha publicado con el título: *"El ADN y el Origen de la Vida: Información, Especificidad y Explicación"*

He aquí parte del material que nos ofrece:

<< "...Actualmente, muchos investigadores del origen de la vida consideran que el problema del origen de la información biológica es el problema central al que se enfrentan. Sin embargo, el término "información" puede referirse a varios conceptos teoréticamente distintos.

Al distinguir entre información *específica* y no específica, este ensayo pretende acabar con la ambigüedad en la definición asociada al término "información", tal y como se emplea en biología.

El objetivo es evaluar explicaciones en liza para el origen de la información biológica. En especial, este ensayo discute la adecuación causal de las explicaciones de la química naturalista evolutiva para el origen de la información biológica específica, tanto si se basan en el "azar" como en la "necesidad" o en ambos.

En cambio, aduce que el presente estado de conocimiento de las potencias causales apunta al diseño inteligente o a una causa agente como mejor explicación y más causalmente adecuada del origen de la información biológica específica.

Los investigadores del origen de la vida quieren explicar el origen de las primeras y supuestamente más simples – o por lo menos mínimamente complejas- células vivientes. Como resultado, los avances dentro de los campos que explican la naturaleza de la vida unicelular han definido históricamente las cuestiones que la discusión planteada por el origen de la vida debe responder.

Desde finales de los años 50 y la década de los 60, los investigadores del origen de la vida admiten cada vez más la naturaleza específica y compleja de la vida unicelular y de las biomacromoléculas de las que dependen esos sistemas. Además, los biólogos moleculares y los investigadores del origen de la vida han caracterizado esta complejidad y especificidad en términos de información.

Los biólogos moleculares se refieren de manera rutinaria al ADN, al ARN y a las proteínas como portadores o depósitos de *"información"*. Muchos investigadores del origen de la vida consideran hoy día el origen de la información contenida en esas biomacromoléculas como la cuestión central que debe afrontar la investigación...

...Este ensayo evaluará las explicaciones en liza del origen de la información necesaria para construir la primera célula viviente. Esto requerirá determinar lo que los biólogos han querido decir con el término *información*, tal y como se aplica a las biomacromoléculas. Tal y como muchos han hecho notar, "información" puede denotar varios conceptos teóricamente distintos.

Este ensayo intentará eliminar tal ambigüedad para determinar con precisión el tipo de información de la cual los investigadores del origen de la vida deben explicar *"el origen"*.

Se buscará primero *caracterizar* la información en el ADN, ARN y proteínas como *explanandum* (un hecho que necesita de explicación); y en segundo lugar, *evaluar* la eficacia de los tipos de explicación en liza a la hora de explicar el origen de la información biológica (es decir, de los *explanans* en competición)..." >> [xviii]

Un vistazo a la verdad de la Creación

<< Tenemos leyes biológicas que contradicen fuertemente la evolución, como la de biogénesis, que expresa que ningún ser vivo puede provenir de materia inerte. No obstante, los evolucionistas insisten en que de alguna manera, en algún momento, los organismos se formaron a partir de sustancias no vivas. Esto es imposible por poderosas razones:

1. La atmósfera primitiva hubiera impedido la aparición de la vida, con oxígeno o sin él.

2. Las cantidades de materias primas necesarias para sintetizar la vida en un medio acuoso son tan grandes que jamás se hubieran logrado reunir.

3. Las proteínas y el ácido desoxirribonucleico (ADN) son demasiado complicados como para poder producirse al azar.

4. Los sistemas biológicos tienen que funcionar en conjunto, y hacer algo que sea de provecho para el organismo. Es una orquestación demasiado especializada.

5. La célula viva requiere de que todo funcione al mismo tiempo, o nada funciona y no hay vida. La vida no se puede *producir*. Solamente se *transmite* de un ser vivo a otro.

6. En último caso, la vida sólo puede crearse por un agente externo inteligente que dirija y controle los procesos.

Si esto no trae a tu mente a Dios como único medio capaz de crear la vida, tal vez no seas muy vivo, o tengas una motivación oculta para no verlo.

Toda la naturaleza expresa un diseño. Jamás encontraremos diseño sin un diseñador. Hay desde átomos en constante movimiento hasta grandes sistemas estelares que fueron puestos en marcha por Alguien que sabía perfectamente lo que hacía. Estadísticamente, es una precisión imposible de producir al azar.

Las leyes de la herencia, las restricciones impuestas a las variaciones biológicas, la incapacidad de reproducción de los híbridos verdaderos, la falta de consistencia en la selección natural, la fatalidad de las mutaciones, la inexistencia de cambios graduales, el altruismo, los códigos genéticos y el lenguaje humano... todo esto da evidencia colosal en contra de un proceso ciego y sin dirección como la evolución.

Por qué se detuvieron los procesos evolucionarios, no tiene respuesta de parte de los evolucionistas. Nosotros sí sabemos: no se detuvo nada porque nunca ha habido evolución en proceso en ningún momento de la historia del universo. Los argumentos con los que la evolución ha tratado de respaldar su caso son en su mayoría conceptos mal aplicados, ideas erróneas o información falseada. Cada una de sus propuestas se derrumba ante una inspección minuciosa.

La complejidad de la vida desconcierta a los evolucionistas, y se encuentran con situaciones que no pueden explicar. Sus intentos por desentrañar estos misterios ocasionan más preguntas que respuestas, y al final balbucean: *"De alguna manera se hizo, ¿o no?"* o su favorita *"Pero la vida existe..."*

Si la evolución se queda corta para explicar la vida en este planeta, no puede ni intentar proponer los orígenes del universo. Ni siquiera ofrece una explicación plausible de la formación de la luna, mucho menos de los planetas de nuestro sistema solar.

Ahora bien, las leyes naturales que gobiernan al universo, como las de termodinámica, colocan un obstáculo infranqueable en el camino de la evolución. El Big Bang es científicamente absurdo, pero lo sostienen porque no les queda otra opción más que Dios, y ésa la rechazan irrazonablemente. Mas cuando vemos lo que nos rodea con los ojos bien abiertos, nos damos cuenta de que hay múltiples pistas que señalan a una creación sabia y reciente; es decir, con una edad que no sobrepasa los 10,000 años.

La cantidad de sales disueltas en los océanos, el campo magnético terrestre, la velocidad de erosión, y muchos otros rasgos de nuestro planeta e inclusive del espacio delatan la juventud del universo.

Los evolucionistas han ido multiplicando por diez la edad de la tierra cada veinte años desde principios de siglo, por lo que ahora resulta ser 100,000 veces más antigua de lo que era en 1900.

Claro, antes pensaban que la célula era tan compleja como una pelota de ping-pong, pero al ir descubriendo sus especializados componentes... lo único que se les ocurre es darle más tiempo al proceso.

Pero ni una pelota de ping-pong se puede crear por sí misma; y aunque lo hiciera, no cobraría vida, ni con toda la eternidad a su disposición. El factor tiempo no es el elemento mágico que necesita la evolución para ser factible.

Los fósiles se rehúsan a cooperar con la teoría de la evolución. Les acarrean severos problemas a los científicos que creen en ella. Hay discontinuidades imposibles de llenar; las tumbas en masa hablan de un enterramiento rápido y violento, y no un depósito de milímetros de tierra cada década sobre cadáveres expuestos a la intemperie.

La columna geológica que usan como referencia es imaginaria.

Se han hallado fósiles inoportunos que echan por tierra el orden evolucionario fabricado con tanto cuidado.

Sale a la luz el proceso de fijación de fechas al estilo evolucionista: el razonamiento en círculo; en que un fósil fecha a la roca, y la roca fecha al fósil.

¿Edad real? Desconocida. ¿Edad adivinada? Millones de años, claro está.

Los métodos de fechamiento son un fraude, ninguno es absoluto. Todos se basan en presuposiciones incomprobables, y cuando marcan una fecha que está en desacuerdo con la idea evolucionaria, arbitrariamente se adjudica otra. Los métodos radiométricos (potasio-argón y rubidio-estronio) dan fechas excesivamente antiguas, con márgenes de error de hasta 2 ó 3 millones de años.

El método del carbono 14 no funciona tampoco. En primer lugar, solamente se puede utilizar en materiales orgánicos, y tiene un alcance máximo de 30,000 años. Sin embargo, el carbono 14 todavía no alcanza su punto de equilibrio, por lo que en realidad todas las fechas que se han obtenido con él no rebasan los 5000 años. Interesante, ¿no creen?

Este método ha marcado fechas de hasta 3000 años de antigüedad en animales vivos. Imagínense lo que hará con restos más viejos.

Por tanto, ninguna fecha proporcionada por los métodos comunes es fidedigna, y harán bien en dudar de cuanta cosa sea fechada como de hace cientos de miles de años, y peor aún, millones de años. >>[xix]

Blaise Pascal, Científico, filósofo y escritor francés, (1623-1662), dijo:

> *"El arte de persuadir consiste tanto en el de agradar como en el de convencer; ya que los hombres se gobiernan más por el capricho que por la razón"*

> *"El hombre está dispuesto siempre a negar todo aquello que no comprende"*

Arno Penzias, ganador del Premio Nobel, dijo:

"La astronomía nos conduce a un evento único, a un universo que fue creado de la nada, que tiene el mismísimo y delicado balance necesario para proveer las condiciones exactas que se requieren para permitir la vida, y que tiene un plan fundamental (que podría denominarse 'sobrenatural')"

Después de tener muchos años investigando sobre el tema de la evolución y el origen de la vida, abiertamente **yo** puedo declarar que:

"NO EXISTE una persona que haya estudiado CIENCIAS y esté en su sano juicio, que pueda decir con sinceridad, que cree que todo lo que existe en el universo surgió de la nada, por pura casualidad"

(JR)

Muchos científicos ateos, al querer negar la creación y considerarla una fábula, prefieren creer sus propias FÁBULAS inventadas, haciendo a un lado su capacidad de razonar.

A continuación voy a presentar algunas fábulas creadas por aquellos que ven, pero no quieren aceptar lo que están viendo...

FÁBULAS QUE ENSEÑAN EN LAS ESCUELAS.

La Fábula Que No Tiene Comparación: Historia Del Inicio De La Tierra, Según Los Científicos Ateos.

(LOS CUALES NO CREEN EN MILAGROS)

(Trate de ser consciente de la gran cantidad de "milagros" que debieron suceder)

Origen y la evolución de la vida.

<< *"…¿Recuerdas cómo se regresa una videocinta en una video-casetera? Imagina entonces que se "regresara" la cinta de la formación del universo. Al hacerlo, las galaxias volverían a juntarse, y al regresar esa cinta 12 a 15 millones de años, todas las galaxias, toda la materia y todo el espacio quedarían comprimidos en un volumen caliente y denso, cerca del tamaño del sol. Habríamos llegado al tiempo cero".*

"Ese estado increíblemente caliente y denso sólo duró un instante. Lo que ocurrió a continuación recibe el nombre de la gran explosión (Big Bang), la cual produjo una distribución estupenda y casi instantánea de materia y energía por todo el universo. Cerca de un minuto más tarde, las temperaturas descendieron miles de millones de grados".

"Las reacciones de fusión dieron lugar a la mayoría de los elementos ligeros, incluyendo el helio, que aún se encuentran entre los elementos más abundantes del universo. Los radiotelescopios pueden detectar la radiación de fondo diluida y enfriada (un remanente del gran estallido) que quedó desde el inicio de los tiempos".

"En los miles de millones de años siguientes, un número incontable de partículas gaseosas chocó entre sí y se condensó bajo la fuerza de la gravedad para dar lugar a las primeras estrellas. Cuando las estrellas fueron lo suficientemente masivas iniciaron reacciones nucleares en su interior que originaron enormes cantidades de luz y calor. Las estrellas masivas continuaron contrayéndose y muchas de ellas se hicieron tan densas como para promover la formación de elementos más pesados".

"Todas las estrellas tienen una historia de vida, desde su nacimiento hasta una muerte que a menudo es espectacularmente explosiva. En lo que podríamos llamar las memorias originales del polvo de estrellas, los elementos más pesados liberados durante las explosiones fueron arrastrados por la atracción gravitacional de las nuevas estrellas y se transformaron en la materia prima para la formación de elementos aún más pesados...".

"...A continuación retrocedamos muchos años, cuando las explosiones de estrellas moribundas sacudieron nuestra galaxia dejando atrás una densa nube de polvo y gases que se extendían por miles de millones de kilómetros en el espacio. Conforme esa nube se enfrió, incontables pedazos de materia gravitaron unos hacia otros. Hace cerca de 4.6 miles de millones de años, la nube se había aplanado para dar lugar a un disco que flotaba lentamente. Del centro caliente y denso de ese disco, nació la brillante estrella de nuestro sistema solar: el sol"

Condiciones de la tierra primitiva

"... las nebulosas están constituidas principalmente por hidrógeno gaseoso, agua, hierro, silicatos, cianuro de hidrógeno, amoníaco, metano, formaldehido y otras sustancias inorgánicas y orgánicas pequeñas".

"La nebulosa que al contraerse dio lugar a nuestro sistema solar quizá tenía una composición similar. Los bordes de esa nebulosa se enfriaron hace 4.6 a 4.5 miles de millones de años. Las atracciones electrostáticas y la gravedad ocasionaron que los granos de minerales y hielo que viajaban en círculo en torno al nuevo sol comenzaran a agruparse. Con el tiempo, los macizos de mayor tamaño que se movían más rápido colisionaron entre sí y se desintegraron. Algunos se hicieron más masivos arrastrando consigo a los asteroides, meteoritos y otros residuos rocosos de las colisiones y dieron lugar a los planetas".

"Mientras la tierra se formaba, el calor generado por el impacto de los asteroides, la comprensión interna y la desintegración de minerales radiactivos ocasionó que gran parte de su interior rocoso se fundiera".

"El níquel, el hierro y otros materiales pesados fundidos pasaron hacia el interior, mientras que los más ligeros flotaban en la superficie. El proceso dio lugar a una corteza, un manto y un núcleo. La corteza se transformó en una zona externa de basalto, granito y otras rocas de baja densidad que descansa sobre una zona de rocas de densidad intermedia, el manto. A su vez, éste recubre a un núcleo inmenso de níquel y hierro de alta densidad parcialmente fundidos".

"Hace 4000 millones de años la tierra era un infierno de corteza delgada. Al transcurrir algo menos de 200 millones de años, ¡la vida apareció sobre su superficie! No tenemos registro del momento en que se originó, acaso porque el desplazamiento del manto y la corteza, la actividad volcánica y la erosión borraron todas las trazas de esto…".

"La tierra estaba cubierta de gases calientes cuando se formaron las primeras zonas de la corteza. Se sospecha que esta primera atmósfera era una mezcla de hidrógeno gaseoso, nitrógeno, monóxido y dióxido de carbono. ¿Había oxígeno gaseoso? Probablemente no. Las rocas sometidas a calor intenso, como ocurre durante las erupciones volcánicas, libera oxígeno en muy baja cantidad. Además, el oxígeno libre habría reaccionado de inmediato con otros elementos".

"Recordemos que el oxígeno tiene un electrón vacante en su capa más externa y tiende a enlazarse con otros átomos".

"Si la atmósfera primitiva no hubiese estado relativamente libre de oxígeno, los compuestos orgánicos necesarios para dar lugar a las células no hubieran podido formarse por sí solos, de manera espontánea. El oxígeno presente habría atacado su estructura y alterado su funcionamiento".

"¿Y qué podemos decir del agua? Aunque la tierra primitiva estaba recubierta por densas nubes, el agua que caía sobre la superficie fundida sin duda se evaporaba de inmediato. Con el tiempo, la corteza se enfrió y se hizo sólida. Durante millones de años la lluvia y las aguas del suelo erosionaron las sales minerales de las rocas. Esas aguas cargadas de sales se juntaron en depresiones de la corteza, dando lugar a los primeros mares".

"Si el agua líquida no se hubiese acumulado, las membranas (que sólo adoptan su organización de bicapa en medio acuoso) no se hubieran formado. Y en ausencia de membranas, nunca se hubiese formado una célula. La vida en su nivel más fundamental es la célula, la cual tiene capacidad para sobrevivir y reproducirse por sí sola...".

"Si la tierra se hubiese condensado formando un planeta de diámetro menor su masa gravitatoria no hubiese sido lo suficientemente fuerte como para retener una atmósfera. Si se hubiese ubicado en una órbita más cercana al sol, el agua se habría evaporado de su superficie caliente. Si la órbita de la tierra estuviesen más distante del sol, su superficie sería más fría y el agua se hubiese congelado formando hielo. Sin agua líquida la vida como la conocemos no podría haberse originado sobre la tierra..." >>[xx]

Otra gran fábula: La formación de los océanos

<< "Para estudiar el nacimiento y crecimiento de los océanos es necesario analizar los cambios que ocurrieron tanto en los océanos mismos como en la atmósfera a lo largo de evolución de nuestro planeta".

"En diferentes épocas ha tratado de explicarse el origen de la Tierra, pero no se ha logrado aceptar como verdadera una sola hipótesis; sin embargo, la teoría más admitida en la actualidad es la de la gran explosión, basada en la idea de que el Universo estuvo alguna vez concentrado, y que su expansión violenta dio origen al mundo que conocemos".

"El Sistema Solar nació de esa nube de gas y polvo que se convirtió en materia sólida debido a la acción de las fuerzas eléctricas y de gravitación. El Sol quedó entonces en el centro, y a su alrededor una lámina aplanada de materia que se desintegró mientras giraba y que se convirtió en los actuales planetas".

"Durante la formación de la Tierra, la materia se fue acumulando hasta conformarse en cuerpos sólidos, del tamaño de los asteroides, y en objetos tal vez más grandes que alcanzaban dimensiones semejantes a las de la Luna".

"Se cree que la Tierra no habría podido tomar su forma actual si en sus proximidades hubiera existido una gran cantidad de los gases primitivos presentes en el origen del sistema solar. Parece ser que esos gases fueron arrastrados, en su mayor parte, fuera de la región donde la Tierra fue formándose".

"Los meteoritos, cuerpos sólidos a los que se les ha calculado una edad de 4.5 a 4.7 millones de años, constituyeron los núcleos en torno a los cuales empezaron a formarse los planetas. Puede ser que el calentamiento radiactivo del núcleo de la Tierra, estructurado éste de hierro y níquel, haya derretido y hundido los meteoritos hasta el centro, originando un aumento sustancial del calor —hasta de 100 000°C—, que a su vez terminó por fundirlo todo".

"Con el tiempo fue enfriándose la bola gaseosa, y cuando las temperaturas fueron suficientemente bajas algunos gases se licuaron, mientras que algunos líquidos se solidificaron. Probablemente, las primeras sustancias que sufrieron tal cambio fueron las más pesadas, las cuales se desplazaron hacia el centro de la Tierra".

"Dichas sustancias conservan en la actualidad el suficiente calor para que dicho centro esté constituido por materiales semisólidos y elásticos. Poco después, las sustancias más ligeras se solidificaron también y formaron una corteza sólida alrededor del núcleo. A medida que dicha capa sólida iba engrosando se arrugaba y plegaba creando las cadenas de montañas. Esa corteza quedó rodeada en su exterior por una capa gaseosa originando un paisaje semejante al de la Luna".

"Durante el proceso de acumulación de rocas, sustancias como el agua y gases inertes se concentraron debajo de la superficie de la corteza, por lo que los científicos creen hoy en día que la mayor parte del agua que existía sobre

la Tierra brotó desde el interior de ella como resultado de la actividad volcánica, de la fuerza giratoria y de la gravitación de todo el cosmos. El geólogo Arnold Urey supone que alrededor del 10 por ciento del agua que se encuentra actualmente en los océanos existía ya, como agua superficial, al terminar de formarse el planeta".

"En esa época la Tierra quizás estuvo rodeada por una atmósfera primitiva constituida por gases pesados como el kriptón y el xenón, por otros más ligeros, como el neón y el argón y por pequeñas cantidades de hidrógeno y helio".

"Con seguridad, esta atmósfera se fue perdiendo para dar lugar a una "segunda atmósfera" conformada por los materiales volátiles que escapaban del interior de la Tierra, como el nitrógeno, el bióxido de carbono y el vapor de agua; su temperatura era muy elevada debido al calor emitido por la tierra sólida, razón por la cual no existía agua líquida".

"Con el tiempo, la nueva atmósfera se enfrió, y se piensa que, cuando ésta alcanzó una temperatura crítica de 374°C, el agua líquida fue apareciendo en pocas cantidades, conservándose también el vapor de agua".

"Es posible que las lluvias hayan empezado a caer cuando descendió la temperatura. El agua se encontraba entonces en forma de vapor, en nubes cuyo espesor probable era de miles de kilómetros. En un principio, la corteza sólida estaba tan caliente que el agua de las lluvias, al posarse sobre ella, se evaporaba instantáneamente. Sin embargo, la temperatura bajó todavía más, lo cual permitió que en algunos puntos se depositaran pequeñas cantidades de agua líquida".

"La lluvia siguió cayendo con abundancia durante siglos. Los terrenos bajos, las cuencas y hondonadas se llenaron de agua, y los ríos bajaron caudalosamente desde las montañas para dar origen a los océanos. En la actualidad, el volumen total de agua existente en el planeta es de 1,080 billones de kilómetros cúbicos, lo que representa 900 veces más que el volumen que tienen los océanos, el cual alcanza apenas 1.2 billones de kilómetros cúbicos".

"Desde su origen, los mares, así como la atmósfera, han sufrido una transformación constante. Las lluvias arrastraban hacia la Tierra gases atmosféricos como el metano, el amoniaco, el bióxido de carbono y el ácido clorhídrico, que por medio de las reacciones químicas fueron integrando los compuestos característicos tanto de la tierra como de las aguas".

"La composición del agua del mar se fue complementando debido a la acumulación de sales y minerales. Al principio la concentración era mínima, pero creció a medida que los ríos erosionaban la corteza sólida de la Tierra, y conforme las fuertes mareas reducían las costas a arena; además, como resultado de la influencia del clima sobre los mismos minerales metálicos, éstos se fueron añadiendo al océano en cantidades crecientes".

"Las sustancias disueltas se vieron incrementadas por las erupciones, probablemente muy frecuentes, de volcanes submarinos y terrestres, erupciones ocurridas debido al escaso grosor de la corteza recién formada. Todo esto produjo la salinidad del mar, que actualmente tiene un promedio de 35 gramos de sales en un litro de agua, por lo que se dice que presenta una concentración de 35 partes por mil".

"Del interior de la Tierra se desprendieron también sustancias volátiles en forma de amonio —como los compuestos a base de carbono y los de nitrógeno—, que durante ese tiempo se mantenían en altas concentraciones. Tales sustancias se mezclaban con el agua de los océanos, por lo cual éstos adquirían un aspecto oscuro y parduzco".

"Es posible que dichos compuestos hayan también existido en la atmósfera colaborando a formar, con el vapor de agua, densas nubes que debieron impedir a la luz del Sol llegar a la superficie de la Tierra. Entonces el planeta debió estar en oscuridad durante millones de años. Probablemente, sólo los rayos ultravioleta, los rayos X y otras radiaciones de alta energía procedentes del Sol pudieron penetrar en la capa de nubes y llegar a la Tierra".

"Se ha pensado que, en un principio, la Tierra carecía de oxigeno. Esto se ha podido comprobar gracias al avance de las técnicas que permiten estudiar los meteoritos. Así, se descubrió que los meteoritos que estructuran el centro del planeta están formados por sustancias ricas en hidrógeno, y no por sustancias oxidantes".

"La atmósfera oxidante del planeta, que apareció cuando éste tenía una edad aproximada de 2 000 millones de años, dio origen a la transparencia tanto de la atmósfera como del agua. En la alta atmósfera de la Tierra, el nitrógeno y el hidrógeno reaccionaron lentamente para producir amoniaco, que luego descendió a la superficie de la Tierra y se disolvió en el agua, quedando una atmósfera con poco nitrógeno y unos océanos impregnados de amoniaco".

"A medida que crecían los primeros océanos, los ríos que llevaban el agua de lluvia arrastraban desde la tierra minerales disueltos, entre ellos la sustancia más abundante: el cloruro de sodio, llamado comúnmente sal; además, llegaron al océano otras sustancias químicas en cantidades menores: cloruro de magnesio, sulfato de magnesio y sulfato de calcio, entre otras. Actualmente, el cloro, el sodio, el magnesio, el azufre y el calcio son los elementos más comunes disueltos en el mar, aunque también se encuentra cobre, plomo, uranio, oro, estaño y otros".

"Uno de los hechos más significativos de aquella época fue la aparición de la vida en los océanos. Los organismos vivientes más simples se pudieron formar gracias a que los compuestos químicos existentes se volatilizaron y fueron transportados a la alta atmósfera, activados por la luz ultravioleta o por descargas eléctricas".

"Esos compuestos, al precipitarse en forma de lluvia sobre los océanos, produjeron reacciones químicas que dieron lugar a otros compuestos los cuales fueron nuevamente llevados a la alta atmósfera y, después de volver a ser activados, cayeron otra vez a los océanos. Este fenómeno se repitió varias veces hasta que provocó la aparición de compuestos orgánicos complejos y, por fin, la de los primeros seres vivientes".

"Estos acontecimientos constituyeron un factor importante para la vida y el mantenimiento de las primeras funciones vitales. Así, los océanos se poblaron con los organismos vivientes más simples, que han evolucionado gradualmente en el transcurso de miles de millones de años hasta formar la compleja fauna y flora que observamos en nuestro medio actual".

"Durante esa época, el oxígeno se acumuló en la atmósfera gracias a la concentración del vapor de agua a gran altura, y debido a la fotosíntesis de los vegetales verdes con que elaboran su sustancia orgánica".

"Los organismos foto-sintetizadores que existían en el océano desprendían cantidades cada vez mayores de oxigeno libre, el cual reaccionó rápidamente con todo lo que encontró a su alrededor. Este fenómeno inició una profunda y lenta "revolución del oxígeno" sobre la Tierra".

"Finalmente, esa revolución transformó la atmósfera primitiva —que contenía metano, amoniaco y ácido clorhídrico— en la atmósfera moderna compuesta por oxígeno molecular libre, que se encuentra en aquélla en 21 por ciento; por nitrógeno molecular —79 por ciento— y por bióxido de carbono —0.03 por ciento— y por vapor de agua en cantidades variables. El oxígeno molecular, además, se encuentra disuelto en el agua del océano".

"También es importante destacar que, en aquella época, las moléculas del oxígeno se recombinaron y modificaron en las zonas más elevadas de la atmósfera debido a la intensidad de la radiación cósmica. Como resultado de ello se formó una capa de ozono, situada a varios miles de kilómetros de altura y que existe todavía en la actualidad. Esta capa constituye una excelente pantalla de protección contra las radiaciones de alta energía".

"Así, al formarse como planeta la Tierra quedó integrada por una corteza sólida o litósfera; por una líquida o hidrósfera, que dio origen a los océanos, ríos, lagos, glaciares y agua subterránea, dejando al descubierto las partes emergidas de la litósfera, que son las que forman los continentes e islas, rodeadas por una capa externa gaseosa llamada atmósfera".

"El material rocoso que apareció en las cuencas oceánicas comprimió la corteza superficial hacia los continentes, por lo cual los grandes océanos se extendieron hasta alcanzar la dimensión que se conoce en nuestros días".

"Los fondos oceánicos se configuraron durante un periodo muy prolongado, y en la actualidad presentan un relieve muy rugoso. La estupenda escena oculta en las profundidades se compone de altas montañas, empinados cañones y asombrosas trincheras y hendiduras. Al conjunto de agua salada que cubrió estos fondos oceánicos, formando una masa única por estar en libre comunicación, recibió el nombre genérico de océano..."

"... A pesar de los enormes progresos realizados durante el presente siglo en todas las ramas de la ciencia, al hombre le quedan múltiples misterios por resolver. Uno de ellos es el relacionado con el origen de esa gran masa de agua, que es el océano. Cabe subrayar que al respecto sólo existen conjeturas, y que aún queda mucho por investigar a fin de entender mejor la evolución del planeta". >>[xxi]

Algunas FABULOSAS noticias recientes:

Noticia: Asteroide en Yucatán "mató a dinosaurios"

<< Una junta internacional de expertos respaldó enérgicamente la tesis de que el impacto de un objeto espacial fue la causa de la extinción masiva que acabó con los dinosaurios hace 65 millones de años. Más de la mitad de las especies del planeta se habrían extinguido en el incidente. Más de la mitad de todas las especies de animales se extinguieron en ese incidente. En su artículo en la revista especializada *"Science",* los expertos descartaron teorías alternativas como erupciones volcánicas de gran escala.

"Los 41 expertos revisaron las investigaciones llevadas a cabo durante los últimos 20 años para determinar la causa de la extinción masiva del Cretácico-Terciario hace aproximadamente 65 millones de años", según el experto en temas científicos de la BBC, Paul Rincon.

"La extinción eliminó más de la mitad de todas las especies del planeta, incluyendo los dinosaurios, los pterosaurios que se parecían a pájaros y grandes reptiles marinos, y eso estableció las condiciones para que los mamíferos se convirtieran en la especie dominante de la Tierra", agregó.

Conferencia de expertos

El análisis surgió de las discusiones durante la Conferencia de Ciencia Lunar y Planetaria (LPSC, según sus siglas en inglés) en Estados Unidos. Los científicos revisaron 20 años de investigaciones para llegar a sus conclusiones. Esta revisión de las evidencias demuestra que la extinción fue causada por el impacto de un gigantesco asteroide o cometa que se estrelló contra la Tierra en Chicxulub en la península de Yucatán en México.

Al impactar sobre Yucatán, esta roca espacial de 10 kilómetros a 15 kilómetros de circunferencia liberó una energía explosiva equivalente a unos 100 billones de toneladas de TNT, mil millones de veces superior a la potencia explosiva de las bombas que cayeron sobre Hiroshima y Nagasaki. Los expertos creen que el evento generó incendios a gran escala, gigantescos terremotos, deslizamientos de tierra y tsunamis.

El asteroide chocó contra la Tierra a una velocidad "20 veces más rápida que la de una bala en movimiento", señaló Gareth Collins, uno de los coautores de la revisión científica y experto del Imperial College de Londres.

"La explosión de rocas y gases calientes se hubiera visto en el horizonte como una gigantesca bola de fuego y hubiera incinerado a cualquier criatura viviente en el entorno inmediato que no hubiese logrado encontrar un refugio", agregó. >>[xxii]

Otra noticia relacionada a la anterior, también ha sido publicada; la cual añade otros datos:

Noticia: La colisión que "extinguió" a los dinosaurios

<< Un nuevo estudio señala que una colosal colisión espacial ocurrida hace 160 millones de años habría provocado la extinción de los dinosaurios. Según la investigación, un choque de asteroides envió remolinos de escombros alrededor del Sistema Solar, incluyendo un pedazo que posteriormente se estrelló sobre la Tierra haciendo desaparecer a las gigantescas bestias.

El equipo checo-estadounidense encargado del estudio añadió que otros fragmentos cayeron en la Luna, Venus y Marte, dejando las marcas de sus más importantes cráteres. El estudio, basado en simulaciones por computadora, aparece publicado en la revista Nature.

"Creemos que hay una conexión directa entre este evento, la lluvia de asteroides que provocó y el gigantesco impacto que ocurrió hace 65 millones de años y que, se cree, eliminó a los dinosaurios", dijo a la BBC el doctor Bill Bottke del Instituto de Investigación Southwest de Boulder, Colorado, EEUU. >> [xxiii]

Noticia: Los gases de dinosaurio influyeron en el calentamiento de la Tierra:

<< Los diplodocus emitían metano en enormes cantidades.

Hace unos 200 millones de años se produjo un proceso de calentamiento global superior en unos diez grados al actual. Sus causas, muy diversas, aún no se han determinado por completo pero un equipo de investigadores británicos ha dado con una de ellas: las flatulencias de los dinosaurios saurópodos.

Estos gigantescos herbívoros podrían haber producido suficiente metano para contribuir al aumento de temperatura. Los escapes de estos animales expulsaban nada menos que 520 millones de toneladas de este gas de efecto invernadero al año, una cantidad equivalente a la que producen todas las fuentes naturales y artificiales en la actualidad, según los científicos, que han publicado su estudio en la revista *Current Biology*.

El estudio surgió a raíz de una investigación sobre la ecología de los grandes dinosaurios. Los científicos se preguntaron: si las vacas actuales producen suficiente gas metano como para acaparar la atención de los estudiosos del clima, ¿qué ocurría con los saurópodos? Para calcular la cantidad de gas, los investigadores contactaron con Euan Nisbert, experto en metano de la Universidad de Londres.

Con su ayuda analizaron la proporción de metano emitida por los herbívoros actuales, como vacas y otro tipo de ganado, en relación con su peso. Después trasladaron esa relación a los dinosaurios herbívoros del mesozoico, que medían 45 metros y pesaban más de 45 toneladas.

Los autores creen que los dinosaurios, al igual que ocurre con las vacas, tenían en sus aparatos digestivos unas bacterias que les ayudaban a hacer la digestión y que generaban metano al fermentar las plantas.

"Los microbios que vivían en los dinosaurios pudieron haber producido suficiente metano para tener un efecto importante en el clima", ha explicado el director del estudio, Dave Wilkinson, de la universidad John Moores de Liverpool. "De hecho, nuestros cálculos indican que estos dinosaurios pudieron producir más metano que todas las fuentes de metano actuales juntas, naturales o creadas por el hombre", añadió.

Las actuales emisiones de metano se cifran en unos 500 millones de toneladas al año, una parte importante de las cuales, entre 50 y 100 millones, corresponden a los gases emitidos por las vacas, las cabras, las ovejas y las jirafas. Antes de la época industrial se calcula que se emitían unos 181 millones de toneladas. >>[xxiv]

Noticia: Según un nuevo estudio, los meteoritos trajeron el oro a la Tierra

<< No es oro todo lo que brilla. Sin embargo, según un nuevo estudio, la Tierra brillaría mucho menos si no fuera por una lluvia de meteoritos que tuvo lugar hace unos 3,9 mil millones de años.

Basándose en los análisis de algunas de las rocas más antiguas de nuestro planeta, los científicos han descubierto la primera prueba directa de que una lluvia de meteoritos cambió la composición química de la Tierra.

Este hallazgo prueba la teoría de que los meteoritos trajeron a la Tierra, cuando ésta contaba con pocos años, oro y otros metales preciosos.

El oro se hundió en una bola de magma

La presencia de metales preciosos en el manto y corteza terrestres plantea un nuevo problema, puesto que estos elementos se sienten atraídos por el hierro.

Cuando se formó la Tierra, hace unos 4,5 mil millones de años, era básicamente una bola de magma. A medida que se fue enfriando, los materiales densos se hundieron hacia el centro, formando un núcleo compuesto en su mayor parte por hierro.

Esto significaría que todo elemento que siente atracción por el hierro y que estuviera presente en el magma debería haberse dirigido hacia el núcleo.

De hecho, en base a la composición de los meteoritos, que se cree que es parecida a la de la Tierra primitiva, nuestro planeta debería tener en la actualidad oro suficiente en su núcleo como para cubrir el globo con una capa de 4 metros de espesor.

"Todo desapareció en el núcleo, pero todavía podemos encontrar algo de oro en la superficie", comentó el autor del estudio Matthias Willbold, de la Universidad de Bristol.

Una posible respuesta a la pregunta de cómo llegaron estos metales preciosos podría ser la macro tormenta de meteoritos que formaron una capa en la superficie de la Tierra hace unos 650 millones de años tras la formación del planeta. >>[xxv]

Noticia: Nuestro Universo pudo haberse formado de otro Universo especular anterior

<< Un modelo matemático aporta una nueva teoría sobre la formación de las galaxias, estrellas y planetas

Nuestro Universo no se originó en una gran explosión, sino que se formó a partir de otro Universo anterior gemelo al nuestro, según un modelo matemático que aporta una nueva teoría sobre la formación de las galaxias, estrellas y planetas. Ese otro Universo gemelo sería como una imagen especular del actual, ya que los dos seguirían las mismas ecuaciones dinámicas, tendrían la misma cantidad de materia contenida y seguirían la misma evolución.

Pero el gemelo, al contrario que el nuestro, se está contrayendo, por lo que sería como si viéramos caminar a nuestro propio Universo hacia atrás en el tiempo, si bien no todo sería igual en ambos (por ejemplo las personas y sus historias). El modelo sugiere que nuestro Universo generará en su momento otros universos parecidos que se expandirán mientras el nuestro se contrae.

Nuestro Universo podría ser fruto de un Big Bounce (gran rebote) acaecido en un universo anterior muy parecido al nuestro, en lugar de haber sido originado por un Big Bang (una gran explosión), señala un equipo de físicos de México y Canadá.

Hasta hace muy poco, los científicos no se planteaban lo que podía haber existido antes del Big Bang (literalmente "gran explosión"), teoría que describe el desarrollo del Universo temprano y su forma. Según esta teoría, el Universo comenzó a expandirse desde un punto de materia de densidad y energía infinitas que, en un momento dado, explotó en todas las direcciones dando lugar al Universo en que hoy existimos.

Sin embargo, desde hace unos años, está surgiendo una hipótesis alternativa sobre el origen del universo, aún más llamativa e interesante -al menos desde el punto de vista de su novedad- que propone que nuestro Universo surgió a partir del colapso de otro Universo anterior muy parecido al nuestro, lo que significaría que nuestro Universo es hijo de otro Universo.

Universo Gemelo

Esta hipótesis se incluye dentro de la teoría LQG (Loop Quantum Gravitity o Gravedad Cuántica de Bucles), y sugiere la posibilidad de que antes del Big-Bang se produjera un Big-Bounce (literalmente, un gran rebote) en un Universo anterior al nuestro, y que ese "gran rebote" habría originado la aparición de nuestro Universo.

Según explica al respecto la revista PhysOrg, los físicos Alejandro Corichi, de la Universidad Nacional Autónoma de México, y Parampreet Singh, del Perimeter Institute for Theorietical Physics de Ontario (en Canadá), han descubierto su aspecto gracias al desarrollo de un modelo de LQG simplificado. Según declaraciones de Singh a PhysOrg, "la importancia de este concepto es que nos da una respuesta a lo que sucedió al universo antes del Big Bang". Singh añade que su estudio demuestra además que aquel otro Universo era muy parecido al nuestro.

Amnesia Cósmica

Este descubrimiento descansa sobre una investigación previa. El año pasado, un profesor de física de la Penn State University de Estados Unidos llamado Martin Bojowald publicó un artículo en la revista Nature Physics en el que se explicaba el desarrollo de un modelo matemático sencillo (una máquina matemática del tiempo, según informó entonces la Universidad de Pennsylvania) que permitió integrar la Teoría General de la Relatividad de Einstein y algunas ecuaciones de la física cuántica, componiendo así la primera descripción matemática de la existencia del Big Bounce.

Esta descripción revelaba que un Universo anterior al nuestro, en contracción antes del Big Bounce, dio finalmente origen a nuestro Universo en expansión. Bojowald llegó además a una conclusión adicional: que los universos sucesivos no serían réplicas perfectas el uno del otro.

A pesar de la creación del modelo matemático de Bojowald, ninguna observación de nuestro universo había podido llevar hasta ahora a la comprensión del estado de ese otro Universo pre-rebote, dado que aparentemente nada quedó de él tras el fenómeno que produjo nuestro universo. Bojowald describió este hecho como "amnesia cósmica".

Gemelos en Tiempo y Leyes

Corichi y Singh parecen haber superado esa amnesia. Modificando la teoría LQG con la inclusión de una ecuación clave llamada de restricción cuántica (generando así la versión sLQG de dicha teoría), han conseguido demostrar que las fluctuaciones relativas de volumen y cantidad de movimiento pertenecientes al universo anterior al rebote (Universo pre-bounce) fueron conservadas a un lado y otro de dicho rebote.

La conclusión que sacan los físicos de esto es que ese otro Universo gemelo tendría las mismas leyes físicas y la misma noción temporal que el nuestro. De hecho, "vistos desde lejos, ambos universos no podrían distinguirse el uno del otro", afirmó Singh en PhysOrg.
Nuestro universo actual, de aproximadamente 13.700 millones años de edad tras el Big Bounce, compartiría así muchas de sus características con el Universo anterior cuando éste tenía la edad de 13.700 millones de años antes del rebote. En cierto sentido, nuestro Universo y su gemelo serían imágenes especulares el uno del otro, con el momento del Big Bounce como línea de simetría.

Ambos universos se parecerían, por ejemplo, en que los dos seguirían las mismas ecuaciones dinámicas o en que tendrán la misma cantidad de materia contenida y seguirán la misma evolución. Pero el gemelo, al contrario que nuestro Universo, se está contrayendo, por lo que sería como si viéramos caminar a nuestro propio Universo hacia atrás en el tiempo.

Reproducción Universal

Pero, según los físicos, no todo sería igual en un Universo con respecto al otro. Por ejemplo, la existencia de ese otro Universo gemelar al nuestro no implicaría que existiesen réplicas exactas nuestras o personas que hayan vivido nuestras propias vidas en esa otra realidad.

Según Singh, sucedería algo parecido a lo que pasa en los gemelos humanos: estudiados a escala se pueden apreciar incluso entre ellos pequeñas diferencias, como en las huellas dactilares o el ADN.

Además, aún quedan por aclarar otros factores de ese universo gemelar, explicó el científico. El más importante: si las propiedades similares sobrevivirían en el caso de que, en lugar de aplicar un modelo simplificado, se introdujeran variables más complejas, como las posibles huellas de las galaxias del universo anterior sobre el nuevo. ¿Darían lugar esas galaxias a estructuras similares a ellas en el Universo en expansión que surja?

Por último, el modelo de Corichi y Singh podría servir para conocer el futuro de nuestro propio Universo. Es posible de hecho que una generalización del modelo establecido por los físicos predijera un Big Bounce de nuestro propio universo. De esta forma, sería posible que nuestro universo generara a su vez otros universos, y que todos estos se parezcan unos a otros.

Los científicos harán públicas próximamente sus investigaciones en la revista Physical Review Letters, pero han anticipado el texto en Arxiv. >>[xxvi]

Un comentario sobre la Antimateria, la Materia Oscura, los Agujeros Negros y los Universos Paralelos

<< La Antimateria

Según las observaciones efectuadas en los aceleradores de partículas, por cada partícula de materia existe un contrario llamado antipartícula. Asimismo, en el Big Bang debió crearse, al menos, tanta materia como antimateria, según lo cual deberían existir anti-planetas, anti-estrellas y anti-galaxias. Las antipartículas poseen la misma masa que las partículas correspondientes pero con cargas inversas, es decir, si la materia está cargada positivamente la antimateria lo estará negativamente y viceversa. Si materia y antimateria llegaran a colisionar, se produciría una explosión de magnitudes inimaginables.

La Materia Oscura

Se calcula que la materia visible supone el 10 por ciento de toda la materia existente en el universo. Aunque, a priori, esta afirmación parece carecer de lógica, está fundamentada en años de cálculos matemáticos que determinan la "necesidad" de su presencia.

Aun no hay pruebas visibles de la existencia de materia oscura pero esta es necesaria para explicar numerosos eventos que se producen en el universo. Se trata de la adecuación de las fuerzas gravitatorias, por ejemplo, las galaxias giran a mayor velocidad de lo que deberían hacerlo en base a su masa visible, y los cúmulos de galaxias necesitarían un 90 por ciento más de masa para permanecer unidos.

En los últimos años, se han realizado numerosos estudios científicos en busca de antimateria en el espacio, encontrándose algunos datos reveladores.

Según esta teoría, se especula con la existencia de uno, varios o infinitos universos paralelos de materia oscura, universos gemelos donde el concepto espacio-tiempo no tiene por qué ser tal y como lo conocemos en nuestro mundo.

Agujeros Negros y Universos Paralelos.

Las estrellas con una masa superior en más de 8 veces a la del Sol, acaban su vida en una gran explosión (Supernova). El resultado de esta explosión es una masa muy inestable. La mayor parte de la materia de la estrella es arrojada al espacio en la explosión pero su centro se contrae debido a una inmensa fuerza gravitatoria hasta alcanzar un tamaño inferior al de un pequeño asteroide, pero con una masa tal que una cucharada pesaría miles de millones de toneladas.

Cuanta más masa mayor gravedad y, a su vez, a mayor gravedad mayor cantidad de materia es atraída. Esto sucede en progresión geométrica hasta llegar a la paradoja de un punto sin dimensiones con una fuerza de atracción a la que no podría escapar ni la luz, digamos que "la aspiradora se ha tragado a sí misma", se ha creado un agujero negro. Los agujeros negros emiten rayos X y, por eso, pueden ser detectados, es decir, se detecta una fuente de rayos X que no posee luz.

Estos agujeros producen una distorsión en el universo, es como si colocáramos un potente aspirador a diez centímetros de profundidad y con la boca hacia arriba en medio del mar, el agua sería transportada desde la superficie hasta el fondo creándose un remolino.

Pero, ¿A dónde va la materia y la luz que se traga un agujero negro? Hasta la fecha, nadie ha sido capaz de dar respuesta a esta pregunta...

...De momento, no es posible aplicar la teoría de la relatividad a lo "pequeño" ni la teoría cuántica a lo "grande", por lo que aparecen enormes lagunas al intentar formular predicciones en lo que respecta a la materia oscura o los agujeros negros.

Hasta la llegada de la llamada "teoría de la unificación", una teoría final que una la relatividad general con la física cuántica, no podremos avanzar. Por ahora sólo nos queda imaginar... Parece ser que, por ahora, el Principio de Correspondencia hermético no es demostrable: "Como es arriba, es abajo..." >>[xxvii]

Estas son opiniones de algunos científicos:

C. J. Isham (1944 - presente), astrofísico, dijo:

"Quizás el mejor argumento... que el Big Bang apoya el teísmo es recibido con obvia inconformidad por algunos físicos ateos. Al presente esto ha conducido a ideas científicas... avanzando con una tenacidad que excede tanto su valor intrínseco que uno solo puede sospechar la operación de fuerzas sicológicas que yacen mucho más profundas que los usuales deseos académicos de un teórico para apoyar su teoría."

Paul Davies (1946 – present), físico, dijo:

"Es difícil resistir la impresión de que la presente estructura del universo, aparentemente muy

sensible a las menores alteraciones en los números, ha sido más bien cuidadosamente planeada... La aparentemente milagrosa concurrencia de estos valores numéricos debe permanecer como la evidencia más persuasiva del diseño cósmico".

George Greenstein (1940-present), astrónomo, dijo:

"Al considerar toda la evidencia, prevalece de manera insistente la idea de que algún tipo de agente sobrenatural —o, más bien, Agencia —debe estar involucrado. ¿Será posible que, sin querer, nos hayamos tropezado con la prueba científica de la existencia de un Ser Supremo? ¿Habrá sido Dios quien intervino y de una forma tan providencial confeccionó el cosmos para beneficio nuestro?

Usted, ¿Qué opina?

Lo que enseña la hormiga...

Le due facce di Hornig...

APÉNDICE 1.

Conceptos de Ciencia, Conocimiento científico y Lógica.

Definición De Ciencia

<< Desde los orígenes de la humanidad nuestra especie ha perseguido afanosamente el conocimiento, intentando catalogarlo y definirlo a través de conceptos claros y bien diferenciables entre sí. En la antigua Grecia, los estudiosos decidieron establecer un concepto que permitiera englobar los conocimientos, la ciencia.

Es necesario aclarar previamente que se llama **conocimiento** a un conjunto de información adquirida a través de la experiencia o de la introspección y que puede ser organizado sobre una estructura de hechos objetivos accesibles a distintos observadores. Se denomina **ciencia** a ese conjunto de técnicas y métodos que se utilizan para alcanzar tal conocimiento. El vocablo proviene del latín *scientia* y, justamente, significa conocimiento.

La aplicación sistemática de estos métodos genera nuevos **conocimientos objetivos** (científicos), que adquieren una forma específica. Primero se realiza una predicción, la cual es puesta a prueba a través del **método científico;** y sometida a la cuantificación. Por otra parte, estas predicciones de la ciencia pueden ubicarse dentro de una estructura gracias a la detección de **reglas universales**, que permiten describir cómo funciona un sistema.

Estas mismas leyes universales son las que posibilitan saber de antemano cómo actuará el sistema en cuestión bajo determinadas circunstancias. La ciencia puede dividirse en **ciencia básica** y **ciencia aplicada** *(cuando se aplica el conocimiento científico a las necesidades humanas).* >> [xxviii]

El Valor de la Ciencia

<< Los puntos de vista acerca del valor de la ciencia son muy variados y hasta opuestos.

Para unos la función de la ciencia es dar una *explicación posible* de los hechos. Si la ciencia los explica de manera satisfactoria para nuestra razón, entonces la teoría con la que se presenta dicha explicación es válida.

Para otros, la ciencia tiene que ofrecernos un sistema único que descifre la realidad que también es única. No hay dos realidades, por lo que no pueden hacer dos explicaciones válidas de la realidad. La ciencia es una porque la realidad es una. Para estas personas la función de la ciencia es *cognoscitiva*, aspira a conocer la realidad.

Otros afirman que la ciencia es una *creación* del hombre. Ven el principal valor de la ciencia en el descubrimiento de las armonías del pensamiento, que pueden coincidir o no con la armonía de la realidad. Muchos matemáticos vieron en su ciencia como un juego de ajedrez, donde el pensamiento dicta las leyes a las que luego se somete. La función de la ciencia, entendida así, es ante todo, *estética*.

También hay quienes afirman que la función de la ciencia es *práctica*: la ciencia es un instrumento para dominar la realidad.

Objetividad de la Ciencia

En la explicación de los hechos no debe intervenir nada individual, ni preferencias, ni tendencias ni aspiraciones, ni tampoco deben ser agregadas a éstos. La ciencia quiere ser conocimiento, puede que el hombre de ciencia sea impulsado por una pasión, y puede quedar satisfecho con los resultados obtenidos pero el conocimiento mismo no debe verse afectado por estos elementos. Se puede decir que la búsqueda del conocimiento es un acto de coraje porque hay que sacrificar todo interés que no sea el de la verdad.

El hombre trabaja con su inteligencia, la voluntad y el sentimiento se ponen al servicio de ésta. No hay que utilizar la inteligencia para que amolde los hechos a fines diferentes a la obtención de la verdad.

Características Del Conocimiento Científico

El conocimiento científico es un saber crítico (fundamentado), metódico, verificable, sistemático, unificado, ordenado, universal, objetivo, comunicable (por medio del lenguaje científico), racional, provisorio y que explica y predice hechos por medio de leyes.

El conocimiento científico es *crítico* porque trata de distinguir lo verdadero de lo falso. Se distingue por justificar sus conocimientos, por dar pruebas de sus verdades; por eso es fundamentado, porque demuestra que es cierto.

Se *fundamenta a través de los métodos* de investigación y prueba, el investigador sigue procedimientos, desarrolla su tarea basándose en un plan previo. La investigación científica no es errática sino planeada.

Su *verificación* es posible mediante la aprobación del examen de la experiencia. Las técnicas de la verificación evolucionan en el transcurso del tiempo.

Es *sistemático* porque es una *unidad ordenada*, los nuevos conocimientos se integran al sistema, relacionándose con los que ya existían. Es *ordenado* porque no es un agregado de informaciones aisladas, sino un sistema de ideas conectadas entre sí.

Es un saber *unificado* porque no busca un conocimiento de lo singular y concreto, sino el conocimiento de lo general y abstracto, o sea de lo que las cosas tienen de idéntico y de permanente.

Es *universal* porque es válido para todas las personas sin reconocer fronteras ni determinaciones de ningún tipo, no varía con las diferentes culturas.

Es *objetivo* porque es válido para todos los individuos y no solamente para uno determinado. Es de valor general y no de valor singular o individual. Pretende conocer la realidad tal como es, la garantía de esta objetividad son sus técnicas y sus métodos de investigación y prueba.

Es *comunicable* mediante el lenguaje científico, que es preciso e unívoco, comprensible para cualquier sujeto capacitado, quien podrá obtener los elementos necesarios para comprobar la validez de las teorías en sus aspectos lógicos y verificables.

Es *racional* porque la ciencia conoce las cosas mediante el uso de la inteligencia, de la razón.

El conocimiento científico es *provisorio* porque la tarea de la ciencia no se detiene, prosigue sus investigaciones con el fin de comprender mejor la realidad. La búsqueda de la verdad es una tarea abierta.

La ciencia explica la realidad mediante *leyes*, éstas son las relaciones constantes y necesarias entre los hechos. Son proposiciones universales que establecen en qué condiciones sucede determinado hecho, por medio de ellas se comprenden hechos particulares. También permiten adelantarse a los sucesos, predecirlos. Las explicaciones de los hechos son racionales, obtenidas por medio de la observación y la experimentación. >>[xxix]

Definición de Lógica

"El estudio de la lógica es el estudio de los métodos y principios usados al distinguir entre los argumentos correctos (buenos) y los argumentos incorrectos (malos). La lógica es un lenguaje artificial, pero formal. Es un lenguaje abstracto que quiere analizar los razonamientos. Algunos filósofos han definido la lógica como "la ciencia que estudia los principios formales del conocimiento, es decir, aquellas condiciones que deben cumplirse para que un conocimiento, cualquiera que sea su contenido, pueda considerarse como verdadero y bien fundado, y no como una mera ocurrencia o como una hipótesis sin base ninguna".

Lógica natural y lógica científica

<<La capacidad de pensar es particular y exclusiva del hombre. Pero el pensar humano no es arbitrario, sino que está sujeto a una serie de reglas o leyes. Es decir, para que esa capacidad racional proporcione al hombre saber, un conocimiento verdadero, debe ajustarse a una serie de reglas o leyes que son, precisamente las que estudia la lógica.

El objeto, finalidad y utilidad de la lógica consiste en garantizar la corrección del razonamiento. Ahora bien, alguien podría alegar -y no estaría equivocado- que no es necesario haber estudiado lógica para razonar correctamente. Esta apreciación nos obliga a distinguir entre los conceptos de "lógica natural" y "lógica científica":

Existe una lógica natural o espontánea, previa a toda cultura, que podríamos denominar sentido común y que es suficiente para la vida cotidiana e incluso para el desarrollo de las diferentes disciplinas. Así, ni el abogado, ni el periodista, ni el empresario, ni el médico, ni el economista, ni el físico, suelen iniciar sus estudios por el de la lógica, pues confían en el "buen funcionamiento natural" de la razón.

Sin embargo, está claro que una cultura completa implica la exigencia de no contentarse con el juego espontáneo de la razón y de su lógica natural, exige además la elaboración de una lógica científica a base de reflexión. En el orden teórico, esta lógica científica permite eliminar una laguna en nuestros conocimientos al conocer el porqué de las reglas que nuestra razón sigue espontáneamente. Por otra parte, en el orden práctico nos proporciona el máximo rigor en nuestra actividad intelectual.

Para distinguirla de la lógica natural y espontánea, la lógica reflexiva debería llamarse lógica artificial, y, de hecho, así era designada en los tratados antiguos. Pero, por haber adquirido este término un sentido peyorativo en el lenguaje corriente, se ha adoptado la expresión "lógica científica": Es importante aclarar que la lógica científica no substituye a la lógica natural, no usurpa el papel del sentido común, pero sí lo cultiva o desarrolla.

Por una parte, la lógica científica permite efectuar rápida y perfectamente razonamientos largos y complicados, demasiado difíciles o complejos para el simple sentido común. Por otra parte, permite desenmascarar y definir las deficiencias de razonamiento, las falacias o sofismas que el sentido común puede sospechar o presentir, pero que se ve incapaz de rechazar ni rectificar.

La lógica científica, en cuanto estudio de las normas y leyes del pensamiento, se extrae de la lógica natural; es decir, lo que hace es reflexionar acerca del proceder de la lógica natural y extrae una serie de conclusiones o reglas que ordena y sistematiza. De este modo aparece la idea de una lógica científica que comienza por ser una técnica, sistemáticamente elaborada, del uso de la razón. >> [xxx]

APÉNDICE 2.

Preguntas y Respuestas para los Ateos

<< Tratar el ateísmo es fácil. Ellos no tienen evidencia para su ateísmo y lógicamente no pueden probar que Dios no existe. Lo único que pueden atacar es la Biblia y las ideas Cristianas acerca de Dios. Pero si Usted los escucha, pronto encontrará que la lógica de ellos tiene una serie de grandes vacíos. Lleva práctica pero lo puede hacer.

Las siguientes declaraciones se pueden cortar y pegar para usar en el Chat. Úselas para ver como los ateos reaccionan. Aprenda a usarlas para responderles. Por favor, entienda que éstas no detendrán sus pensamientos, pero retarán a los ateos. Observe también cuánto tiempo les toma a ellos volverse condescendientes, pero no responda a esa condescendencia. Más bien, pídales que le den razones racionales para sus posiciones. En el proceso de interactuar, aprenderá mejor cómo argumentar con ellos.

Formas de Atacar el Ateísmo

Haciendo preguntas

i. El ateísmo es una posición intelectual. ¿Cuáles son las razones que Usted tiene para sostener esa posición? Sus razones se basan en la lógica y/o en la evidencia o en la falta de ésta. Así que, ¿existe alguna razón/evidencia para que Usted sostenga la posición que defiende?

ii. Si Usted dice que el ateísmo no necesita evidencia o razón, entonces, Usted está sosteniendo una posición que no tiene evidencia o bases racionales. Si es así, ¿no es esto, simplemente fe?

iii. Si Usted dice que el ateísmo se sostiene por la falta de evidencia en Dios, es sólo su opinión de que no hay evidencia. Usted no puede conocer toda la evidencia a favor o en contra de Dios, por lo tanto, Usted no puede decir que no hay evidencia a favor de Dios.

iv. Si Usted dice que el ateísmo no necesita evidencia para sostener su posición ya que éste es una posición acerca de la falta de algo, entonces, ¿Usted sostiene otras posiciones basadas sobre la falta de evidencia...como decir, las hormigas azules gritadoras? ¿Usted sostiene la posición de que éstas no existen o sostendrá también que éstas no existen por la falta de creencia en éstas?

Usando la lógica

v. ¿Cómo puede Usted explicar por las leyes de la lógica un universo sin Dios? Las Leyes de la Lógica son por naturaleza absolutas y conceptuales. Siendo absolutas trascienden el espacio y el tiempo. Éstas no son las propiedades del universo físico (debido a que son conceptuales) o de las personas (ya que las personas se contradicen entre sí, lo que significaría que no son absolutas). Entonces, ¿cómo explica las leyes de la lógica?

   a. Este acercamiento es algo más complicado. Si usa éste, familiarícese con El Punto de Vista Cristiano, el Punto de Vista Ateísta, y la Lógica.

   b. Cuando usa la lógica, debe primero familiarizarse con las leyes básicas de la lógica y las fallas de ésta. Es muy útil señalar las varias fallas lógicas del ateísmo en la medida en que éstas se cometen. Por lo tanto, familiarícese, con Las Fallas de la Lógica o las Fallas en la Argumentación.

c. Las leyes de la lógica son por naturaleza conceptuales y son siempre verdaderas en todo momento y lugar. Éstas no son propiedades físicas. ¿Cómo las explican los ateos desde una perspectiva atea?

vi. Cada cosa que fue traída a existencia fue debido a la existencia. ¿Puede Usted tener una regresión infinita de causas? No, ya que para llegar al "ahora" Usted tendría que atravesar un pasado infinito. Parece que tiene que haber una sola causa no causada. ¿Por qué no puede ser Dios?

vii. Ejemplos de lógica absoluta:

a. Estos ejemplos son: algo no puede ser en sí mismo y no ser al mismo tiempo: La Ley de la no contradicción. Una cosa es lo que es: La ley de la identidad. Una declaración es verdad o falsa: La ley de la exclusión media. Estas son lógicas simples, absolutas.

viii. Si el ateísmo es verdadero: El universo tiene leyes las cuales no pueden ser violadas. La vida es un producto de estas leyes y sólo puede existir en armonía con esas leyes y es gobernada por éstas. Por lo tanto, el pensamiento humano, los sentimientos, etc., son respuestas programadas al estímulo y el ateo no puede legítimamente clamar que tienen sentido en la vida.

ix. ¿Construcciones humanas?

a. Si las leyes de la lógica son entonces construcciones humanas, ¿cómo pueden ser éstas absolutas ya que los pensamientos humanos son con frecuencia diferentes y contradictorios? Si éstas son producidas por las mentes humanas y éstas son igualmente contradictorias, entonces, ¿cómo pueden ser absolutas? Por lo tanto, las leyes de la lógica no son construcciones humanas.

El Universo Existe

x. ¿Es éste eterno o tuvo un principio? El universo no podría ser eterno ya que significaría que una cantidad infinita de tiempo tuvo que ser cruzada para llegar al presente. Sin embargo, Usted no puede cruzar una cantidad infinita de tiempo (de lo contrario éste no sería infinito). Por lo tanto, el universo tuvo un principio. Algo no puede ser traído a existencia por sí; por lo tanto, algo tuvo que traerlo a existencia.

xi. ¿Qué trajo el universo a existencia? Lo que fue, tiene que ser más grande que el mismo universo y ser la causa suficiente para esto. La Biblia promueve esta causa suficiente como Dios. ¿Qué ofrece el ateísmo en vez de Dios? Si no ofrece nada, el ateísmo entonces no es capaz de explicar su propia existencia.

xii. El universo no puede ser infinitamente viejo o toda la energía utilizable ya se habría perdido (entropía). Esto no ha ocurrido; por lo tanto, el infinito no es infinitamente viejo.

xiii. Causa no Causada
   a. Objeción: Si algo no puede traerse a existencia por sí mismo, entonces Dios no puede existir ya que algo tuvo que traer a Dios para que existiera. Respuesta: No es así. Usted no puede tener una regresión infinita de causas ya que no puede suceder que un infinito sea cruzado. Por lo tanto, debe haber una sola causa no causada.
   b. Todas las cosas que llegaron a existir fueron traídas a existencia. Usted no puede tener una regresión infinita de causas (de lo contrario una infinidad de tiempo ha sido cruzada lo cual es imposible, ya que un infinito no puede ser cruzado). Por lo tanto, debe haber, lógicamente, una sola causa no causada la cual no vino a existencia.

Respondiendo a las Declaraciones Ateas acerca de Dios

   A. *"Me falta creer en un Dios"*

xiv. Si Usted dice que el ateísmo es simplemente la falta de creer en un dios, entonces mi gato es tan ateo como el árbol en el parque o la acera del frente, ya que a ellos también les falta fe; por lo tanto, su definición es insuficiente.

xv. La declaración de falta de creencia no es en sí una declaración ya que Usted ha estado expuesto al concepto de Dios y ha tomado una decisión para aceptarlo o rechazarlo. Por lo tanto, o Usted cree que existe Dios o no lo cree…o Usted es un agnóstico. Usted no puede permanecer en un estado de "falta de creencia".

xvi. Si su falta de creencia es en Dios, ¿por qué no ha ido por ahí atacando la idea de Dios? Si su falta de creencia es también con relación a unicornios rosados, ¿por qué entonces, no va por ahí atacando esa idea?

B. *"Creo que no hay Dios"*
¿En qué se basa para decir que no hay Dios?

C. *"No creo que exista un Dios"*
¿Por qué cree que no hay Dios?

D. *"No hay Dios"*
 i. Usted no puede lógicamente declarar que no hay Dios ya que no conoce todas las cosas para determinar así no más que no hay Dios.

E. *"No hay prueba de que Dios existe"*
 i. Es ilógico decir "no hay pruebas de la existencia de Dios" ya que un ateo no puede conocer todas las cosas por las cuales declara que no hay pruebas. Solo puede decir que no ha visto todavía una prueba convincente; después de todo, puede haber una que no ha visto todavía.

F. *"La Ciencia en conjunto nunca ha encontrado alguna evidencia de Dios"*
 i. Esta es una declaración subjetiva. Hay muchos científicos que afirman tener evidencia de la existencia de Dios a través de la ciencia.

 ii. Su presuposición es que la ciencia no tiene evidencia de Dios, pero es sólo una opinión.

 iii. La ciencia mira los fenómenos naturales por medio de la medida, peso, vista, etc. Por definición,

Dios no está limitado al universo. Por lo tanto, no se esperaría que la ubicación física de Dios sería encontrada.

G. ¿*Qué es Dios? o Defina qué es Dios.*
   i. Dios es el único Ser Supremo el cual no cambia, es eterno, santo y Trinitario en naturaleza. Él sólo posee los atributos de omnisciencia, omnipresencia y omnipotencia. Él sólo trajo a existencia el universo al ejercer Su voluntad.

H. *Demuestre que su Dios es real.*
   i. Yo no le puedo probar que Dios es real más de lo que le puedo probar que yo amo a mi familia. Si Usted está convencido que yo no amo a mi familia, sin importar lo que diga o haga será descartado por Usted como inválido. Su problema son sus presuposiciones no si Dios existe o no.

   ii. Yo no le puedo probar a Usted que Dios es real más de lo Usted puede probar que el universo es todo lo que existe. Su demanda de prueba se opone al conocimiento de muchos tipos de evidencia...ya que su presuposición no lo permite.

   iii. El universo existe. Éste no es infinitamente viejo. Si así fuera, se hubiera quedado sin energía hace mucho tiempo; por lo tanto, éste tuvo un principio. El universo no llegó a existir por sí sólo; ya que fue traído a existencia por algo más. Yo aseguro que Dios es quien creó el universo.

   a. Cuando el ateo se queje, pídale que explique lógicamente la existencia del universo. Señálele que las opiniones y conjeturas no cuentan.

Respondiendo a las Declaraciones Ateas acerca de la Biblia

I. *"La Biblia está llena de contradicciones"*
   i.   Decir que la Biblia está llena de contradicciones no significa que lo está. ¿Puede Usted suministrar una contradicción que podemos examinar en el contexto? Existen muchos sitios Web que se ocupan de supuestas contradicciones. Aquí hay uno: www.carm.org.

Respondiendo a Declaraciones Ateas acerca de la Evolución y Naturalismo

J. *"La Evolución es un hecho"*
   i.   Eso depende si es micro o macro. Las variaciones micro ocurren, pero las variaciones macro (la evolución de una especie biológica) no han sido observadas. Lo mejor que tenemos son los fósiles y tienen que ser interpretados. Existen además muchos vacíos en el registro de los fósiles.

   ii. ¿Ha leído alguna vez libros que discutan la evidencia contraria de la evolución? Si no, ¿cómo puede decir que está lo suficientemente educado para mencionar este hecho?

K. *El Naturalismo es verdadero; por lo tanto, no hay necesidad de Dios.*
   i.   El naturalismo es la creencia de que todos los fenómenos pueden ser explicados en términos de causas naturales y leyes. Si todas las cosas fueran explicadas a través de las leyes naturales, esto no significa que Dios no existe ya que Dios por

definición, está fuera de las leyes naturales ya que Él es el creador de éstas.

Respondiendo a Declaraciones Ateas acerca de la Verdad

L. No hay verdades absolutas
Decir que no hay verdades absolutas es un intento de declarar una verdad absoluta. Si su declaración es verdadera, entonces es contradictoria en sí misma, y no es verdad y Usted está equivocado. >>[xxxi]

APÉNDICE 3:

ALGUNAS NOTICIAS *(en inglés)* SOBRE EL ATAQUE PUBLICITARIO DE LOS ATEOS

Aunque el ateísmo no tiene ningún fundamento para que alguien crea sus pretensiones antifilosóficas y anticientíficas, los ateos continúan presionando la sociedad con muchas artimañas y atrevimientos, tratando de causar impacto e impresión en los que sean ingenuos o susceptibles.

En las siguientes páginas presento algunas noticias que han sido publicadas al respecto...

Anuncio de campaña nacional atea, dirigido a la Comunidad Negra
National Atheist Ad Campaign Targets Black Community
By Jeff Schapiro, Christian Post Reporter. *February 1, 2012 / 4:50 pm*

For complete reading of this article, please go to:
http://www.christianpost.com/news/national-atheist-ad-campaign-targets-black-community-68442/

Atheist organizations from around the country have taken to billboard advertising to promote their views and their organizations over the last few months, but a new campaign by one atheist organization is focusing on reaching one group of people in particular: African-Americans.

"A lot of people think there's one black experience. A lot of people think that if someone's black it means that they're religious. So we want to be able to show people that that's not true, that there are non-religious people out there," Debbie Goddard, director of African Americans for Humanism (AAH), told The Christian Post on Wednesday.

The AAH launched an advertising campaign in late January in six major U.S. cities – New York City, Los Angeles, Chicago, Atlanta, Washington, D.C. and Durham, North Carolina – with a seventh city, Dallas, being added on Feb. 6. The campaign was designed to coincide with February's Black History Month.

Each billboard, poster or banner that goes up says "Doubts about religion? You're one of many" and has AAH's website printed on it. Each sign will also feature the image of a famous historic black freethinker – like poet Langston Hughes, social reformer Frederick Douglass or writer Zora Neale Hurston – across from the photo of a contemporary black atheist leader...

Anuncios ateos en autobuses sacuden 'Fort Worth'
Atheist Ads on Buses Rattle Fort Worth

Joyce Marshall/Fort Worth Star-Telegram

Why the bus ads now? "It can be pretty lonely for a nonbeliever at Christmastime around here," the head of an atheist group says.
By JAMES C. McKINLEY Jr.
Published: December 13, 2010

For complete reading of this article, please go to:
http://www.nytimes.com/2010/12/14/us/14atheist.html?_r=2ref=religion_and_belief&pagewanted=all

FORT WORTH — Stand on a corner in this city and you might get a case of theological whiplash. A public bus rolls by with an <u>atheist</u> message on its side: "Millions of people are good without God." Seconds later, a van follows bearing a riposte: "I still love you. — God," with another line that says, "2.1 billion Christians are good with God." A clash of beliefs has rattled this city ever since atheists bought ad space on four city buses to reach out to nonbelievers who might feel isolated during the Christmas season. After all, Fort Worth is a place where residents commonly ask people they have just met where they worship and many encounters end with, "Have a blessed day." "We want to tell people they are not alone," said Terry McDonald, the chairman of Metroplex Atheists, part of the Dallas-Fort Worth Coalition of Reason, which paid for the atheist ads. "People don't realize there are other atheists. All you hear around here is, 'Where do you go to church?' " But the reaction from believers has been harsher than anyone in the nonbeliever's club expected. Some ministers organized a boycott of the buses, with limited success. Other clergy members are pressing the Fort Worth Transportation Authority to ban all religious advertising on public buses. And a group of local businessmen paid for the van with the Christian message to follow the atheist-messaged buses around town...

Los ateos desean que sea quitada señal que honra a bomberos del 9-11

Atheists want sign honoring 9-11 firefighters removed

For complete reading of this article, please go to:
http://radio.foxnews.com/2011/06/21/atheists-want-sign-honoring-9-11-firefighters-removed/

A group of New York City atheists is demanding that the city remove a street sign honoring seven firefighters killed in the Sept. 11, 2001 terrorist attacks because they said the sign violates the separation of church and state.

The street, "Seven in Heaven Way," was officially dedicated last weekend in Brooklyn outside the firehouse where the firefighters once served. The ceremony was attended by dozens of firefighters, city leaders and widows of the fallen men.

"There should be no signage or displays of religious nature in the public domain," said Ken Bronstein, president of New York City Atheists. "It's really insulting to us."

Bronstein told Fox News Radio that his organization was especially concerned with the use of the word "heaven."

"We've concluded as atheists there is no heaven and there's no hell," he said. "And it's a totally religious statement. It's a question of separation of church and state."

He was nonplussed over how his opposition to the street sign might be perceived – especially since the sign is honoring fallen heroes.

"It's irrelevant who it's for," Bronstein said. "We think this is a very bad thing." David Silverman, president of American Atheists, agreed and called on the city to remove the sign.

"It implies that heaven actually exists," Silverman told Fox News Radio. "People died in 9-11 but they were all people who died, not just Christians. Heaven is a specifically Christian place. For the city to come up and say all those heroes are in heaven now, it's not appropriate." "All memorials for fallen heroes should celebrate the diversity of our country and should be secular in nature. These heroes might have been Jews, they might have been atheists, I don't know but either way it's wrong for the city to say they're in heaven. It's preachy."...

¡Feliz 4! Ateos proclaman "América sin Dios"
HAPPY 4TH! ATHEISTS PROCLAIM 'GOD-LESS AMERICA'. Plan to try again with banners flown over independence day celebrations

Published: 07/03/2012 at 8:01 PM
by Dave Tombers
For complete reading of this article, please go to:
http://www.wnd.com/2012/07/happy-4th-atheists-proclaim-god-less-america/

Last July 4th, WND reported on the failure of the group American Atheists to find pilots willing to fly "Godless" banners over American cities in all 50 states. Some 80 percent of pilots refused the jobs, saying things such as, "I'm not going to hell flying that sign."
According to the atheists' website, this year they aren't trying to be quite as ambitious. Instead of trying to locate pilots in all 50 states, this year the group plans to hire one pilot to fly a banner above New York City on the 4th of July. According to the group: "In celebration of the rise of atheism in America, American Atheists flew aerial banners across the country on July 4th in 2011. ... The banners proudly stated, 'God-LESS America' and 'Atheism Is Patriotic.' The banners brought the breadth and patriotism of the movement into America's conversation." However, when so many pilots the group tried to hire refused the work, the atheists cited the need to keep up their efforts. "Originally, we had planned on flying banners in all 50 states, representing the fact that atheism is the fastest growing segment in all 50 states, but we were unable to find pilots in many states willing to fly our banners, representing a clear reminder of the work we have to do," said the group. The group seems confident they will find one pilot to help declare their message...

Los ateos de Pennsylvania utilizan imágenes de raza y de esclavo, en cartel contra la 'barbárica' Biblia Cristiana

PA Atheists Use Race & Slave Imagery in Billboard Against the 'Barbaric' Christian Bible

Posted on March 7, 2012 at 12:28pm by Billy Hallowell
For complete reading of this article, please go to:
http://www.theblaze.com/stories/pa-atheists-use-race-slave-imagery-in-billboard-against-the-barbaric-christian-bible/

Image Credit: American Atheists

Last month, The Blaze told you about a battle that's been brewing between atheists and Pennsylvania lawmakers after the state's House of Representatives unanimously passed a resolution calling 2012 the "Year of the Bible." At the time, a staff lawyer from the Freedom From Religion Foundation called the act "shocking." Now, two other groups, American Atheists and Pa. Nonbelievers, are being accused of invoking racial themes after posting a Bible-inspired billboard against the designation. Their sign, which tackles the issue of slavery, was erected in an area of Harrisburg, Pennsylvania, with a large African American population. The message aimed at railing against politicians who supported the resolution, was posted just blocks away from the state capitol. It comes, as many atheist-led billboard campaigns do, with a fair amount of controversy. Only this particular message was so inflammatory that it also led to a defacing. State Rep. Thaddeus Kirkland (D-Delaware), a black legislator, was one of the many voices objecting to the now-removed billboard, which featured a shackled slave. The image of the individual in shackles appeared below the words, "Slaves, obey your masters." Kirkland supported the Bible resolution and has claimed that the billboard took the Bible out of context and that it is portrayed both racism and hatred...

Cartel ateo habla de "malas maneras", dice investigador cristiano

Atheist Billboard 'Bad Manners,' Says Christian Research Fellow

By Michael Gryboski, Christian Post Reporter
January 25, 2012/12:51 pm
For complete reading of this article, please go to:
http://www.sermonaudio.com/new_details.asp?ID=33283

As a Colorado atheist group purchases space for three billboards in major cities in Colorado, one Christian research fellow refers to their efforts as "bad manners."

"They say their ad is intended to spark dialogue with people of faith on the existence of God, but you don't draw people into conversation by poking fun of the beliefs," Glenn Stanton, director for Family Formation Studies at Focus on the Family in Colorado Springs, told The Christian Post. Stanton was referring to a billboard sponsored by Boulder Atheists that states, "God is an imaginary friend; Choose reality, it will be better for all of us."

"Pew reports that 92 percent of Americans believe in God or some higher being," Stanton pointed out. "And more than 70 percent say they have a firm, confident belief in God. And this atheist group equates that very widely-held belief to a small child having an imaginary friend to play with." But the "real bummer" about the atheist billboard, according to Stanton, was that it replaced a billboard "of our area's beautiful Royal Gorge" with a "poor graphically-challenged ad." The Boulder Atheists' ad will be posted on three billboards in Denver and Colorado Springs...

`Bueno sin Dios': La fundación "Libres de la religión" convoca para la convención atea anual en Connecticut

'Good Without God': Freedom From Religion Foundation to Convene in Connecticut for Annual Atheist Convention
October 4, 2011 at 7:05pm by: Billy Hallowell
For complete reading of this article, please go to:
http://www.sequesterednews.com/news/theblaze/84882-%E2%80%98good-without-god%E2%80%99%3A-freedom-from-religion-foundation-to-convene-in-connecticut-for-annual-atheist-convention.html

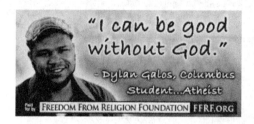

This weekend, atheists will converge in Hartford, Connecticut, to participate in the Freedom From Religion Coalition's (FFRC) annual conference. FFRC, one of the most vocal groups working to remove God from American society, wholeheartedly believes that "the most social and moral progress has been brought about by persons free from religion." The group describes its mission as follows: The Foundation works as an umbrella for those who are free from religion and are committed to the cherished principle of separation of state and church.

The 34th annual gathering of atheists will be held at the Marriott Hartford Downtown and will include a multitude of non-believing speakers. Among the individuals currently on the agenda are professors, entertainers and the like. There's Joseph Taylor, a former Christian rock band member (the band "Undercover") who is now a "nonbelieving educator." Then, there's broadway composer Charles Strouse, the lifetime atheist who wrote the musicals "Annie" and "Bye Bye Birdie." During the convention, FFRC will be honoring University of Chicago Professor Jerry Coyne with the "Emperor Has No Clothes Award." Coyne wrote a book back in 2009 called, "Why Evolution is True." Of course, these are only a few of the individuals who will be addressing conference participants (the full list can be found here). Below, watch Christopher Hitchens' acceptance speech for this same award back in 2007 (during the 30th annual event):
The Guardian has more information on the event, which will likely cause some angst among the religious...

Llaman a Jesús "salvador inútil" en cartelera. Ateos atacan la fe en las convenciones de nominación

Billboard calls Jesus 'Useless Savior'. Atheists attack faith at nominating conventions

by Dave Tombers
For complete reading of this article, please go to:
http://www.wnd.com/2012/08/billboard-calls-jesus-useless-savior/

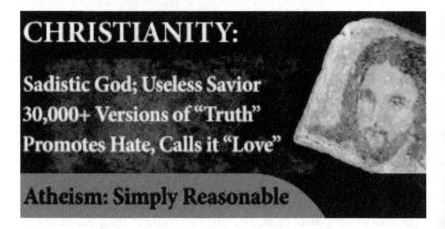

A group that pushes the philosophy of "loving yourself and your fellow man rather than a god" is attacking religious believers in a new billboard campaign in the host cities of the upcoming Republican and Democratic conventions.

American Atheists announced a billboard campaign against "the foolishness of religion in the political landscape."

According to the group, the billboards feature assertions of Christianity and Mormonism that they say have no place in politics.

One version of the campaign is scheduled to run in Charlotte, N.C., where the Democratic National Convention will be held Sept. 3-6.

The billboard, as seen on American Atheists' website, attacks Jesus as a "Useless Savior" next to an image of a piece of toast with a purported image of Jesus burned into it.

It also claims Christians have a "Sadistic God" and that Christianity has more than "30,000+ versions of truth." Christians, it says, are part of a "Hate Promoting" group that calls "Hate" "Love."...

La exhibición atea en parque de la ciudad de Streator agita asunto de la 1ra enmienda. El consejo de la ciudad discutirá la política sobre la exhibición pública.

Atheist display in Streator City Park stirs 1st Amendment issue: City Council will discuss public display policy

04/06/2012, 11:03 pm
Derek Barichello
For complete reading of this article, please go to:
http://mywebtimes.com/archives/ottawa/display.php?id=453539

A banner placed in Streator's City Park on Thursday is now calling into question the city's policy regarding religious displays in public parks. The Freedom From Religion Foundation out of Wisconsin placed an eight-foot by three-foot banner which reads, "Nobody died for our sins. Jesus Christ is a myth," in the northwest corner of City Park near a religious display of crosses with a sign that reads, "Jesus died for our sins."
The national church watchdog organization said it placed the banner in Streator on behalf of a local resident's request to counter the Christian display that has been on the city property since early March. City officials permitted both displays.
This is the fifth year in a row the Streator Freedom Association has displayed the Christian crosses in the park around Easter time.
"We think the city would be wise to exclude all displays from the park,"said Annie Laurie Gaylor, Freedom From Religion Foundation co-president...

Esqueleto de 'Santa' crea controversia en el palacio de justicia del condado de Loudoun

Skeleton Santa Controversy at Loudoun County Courthouse
Controversial holiday display vandalized in Leesburg

Tuesday, Dec 6, 2011 | Updated 12:59 PM EST

For complete reading of this article, please go to:
http://www.washingtonpost.com/blogs/post_now/post/crucified-skeleton-santa-sparks-controversy-in-loudoun/2011/12/06/gIQAMIcxZO_blog.html

Darcy Spencer
Some residents of Loudoun County say they were outraged after someone put a display of a skeleton Santa Claus outside the Leesburg courthouse.

Christmas Controversy in Leesburg

Holiday music, holiday lights and holiday sales are unavoidable the first week of December, but tisn't really the season without a holiday display controversy in Leesburg, Va. A skeleton dressed in a Santa suit and nailed to a cross was set up on the Loudoun County courthouse lawn in Leesburg on Monday. The macabre Kris Kringle was one of the nine approved displays for this Christmas season, but it was not standing for long. Someone tore the skeleton down, sparking a debate about free speech. It's not a new argument. In 2009 Christmas displays on the courthouse lawn were banned after the constitutionality of a Nativity scene was questioned. Last year that decision was overturned, and 10 displays were allowed on the lawn based on a first come first serve basis. Leesburg council member Ken Reid spoke out strongly against the skeletal Christmas display. "I think that it's just extremely, extremely sad," he said, "that somebody in this county who would try to basically debase Christmas like this. This really crossed the line."...

'Niños sin Dios': Activistas ateos lanzan perturbador sitio en Internet, para convertir en ateos a niños y adolescentes

'Kids Without God': Atheist Activists Launch Shocking Web Site to Convert Kids & Teens Into Non-Believers
Posted on November 13, 2012   by Billy Hallowell
For complete reading of this article, please go to:
http://www.theblaze.com/stories/kids-without-god-atheist-activists-launch-shocking-web-site-to-convert-kids-teens-into-non-believers/
The atheist activist community in America has taken an increasingly-active role in trying to convince citizens with doubts about their faith to fully evolve into non-believers and to "come out," publicly proclaiming their anti-theism. Think of it as a form of secular evangelism.

A screen shot of some of the AHA's ads for KidsWithoutGod.com

Already, non-believers have attempted to reach clergy who are in doubt through The Clergy Project. Additionally, there's a humanist church service each week in Tulsa, Oklahoma (and these are only two examples). Now, in addition to reaching adults, atheist activists have their eyes set on converting kids and teens...

YO TE PREGUNTO:

Si ya conoces la verdad,

¿Qué vas a hacer?

■ . ━ . ━ . ■ . .

*"Si ves las llamas del mal expandirse por doquier;
No retardes tu regar, con las aguas del bien"*
(JR)

BIBLIOGRAFÍA

Para todos los que desean abundar en el tema de este libro, recomiendo leer:

A. Torres Queiruga. "Creo en Dios Padre". Ed. Sal Terrae, Santander, España, 1986

Albert Einstein. "Este es mi Pueblo". Editorial ElAlef. www.elaleph.com

Ángel Peña OAR. "Ateos y Judíos convertidos". Lima-Perú, 2005. Scribd 49450705

Antonio Cruz. "Darwin no mató a Dios". Ed. Vida, Miami, Florida, 2004

Arthur C. Custance, M.A., Ph.D., "Los Restos Fósiles Del Hombre Primitivo, Y El Registro Histórico Del Génesis". Ottawa, 1968 / Rev. 1975, Artículo 45

B.A.Paramadvaiti Svami, "La Secreta Identidad De Charles Darwin", Instituto Bhaktivedanta, Srila Prabhupada. Scribd 56660937

Charles Darwin, '*Autobiografia*'. Alianza Cien. pp. 85-87. Madrid, 1993.

Charles Darwin. "Autobiografía". The Project Gutenberg Etext. www.Librodot.com. Scribd 97111676

Christopher K. Mathews, K.E. van Holde & Kevin G. Ahern, "Bioquímica. Tercera Edición", Ed. Pearson Educación, Madrid, 2002

D. James Kennedy. "Por qué creo". Editorial Vida, Miami, Fl., 1982.

Daniel Durán, "¿El Hombre Primitivo?. Un desafío a la ciencia y a la teoría de la Evolución". Marzo de 2011. Scribd 50417255

Dawlin A. Ureña, Lic., "La Ciencia y la Biblia", Ed. ADF Books, Michigan, 1999

Demian Noé Cáceres Alge, etal., "Ciencia vs Religión. Una relación compleja". Scribd 43359279/200800299

Dinesh D'Souza. "Lo Grandioso del Cristianismo". Tyndale House Publishers, Inc., Illinois, 2009.

Duane T. Gish, et al, "Creación, Evolución y Registro Fósil", Ed. Clie, Barcelona, España, 1979

Enrique Díaz Araujo, Dr, "EVOLUCIÓN Y FRAUDE", Mikael N° 7 Revista del Seminario de Paraná, Primer cuatrimestre de 1975. Scribd 25726062.

Eric J. Lerner, "The Big Bang Never Happened", Vintage Books, A Division of Random House, Inc. New York, 1991. Scribd 36326103

Eric V. Snow, "Darwin's God: Evolution and the Problem of Evil". Freetoshare Publications, 2011   Scribd 60174469

E.T. Bell. "Biografías de Grandes Matemáticos". Patricio Barros. http://www.geocities.com/grandesmatematicos/cap29.html (12 de 13) [30/10/2002 6:33:11]

"Evolución O Creacionismo ¿Quién Dice La Verdad?" Tomado De: Artículo ¿Cuán Antigua Es La Tierra? Autor: Lic. Dawlin A. Ureña; Libro Auxiliar Bíblico Portavoz. Harold L. Willmington Libro El Engaño Del Evolucionismo: Harun Yahya; Scribd 23396796

Exposición filosófica sobre el ateísmo de Nietzsche y Karl Marx. CCEH, Círculo Colimote de Estudios Hispanoamericanos. Studium I / Año I No. I Enero-Abril 1984

Frank Zorrilla, "Conociendo a Dios a través de la Ciencia", Ed. Palibrio, Bloomington, Indiana, 2011

Flory Chaves Q., "El ser como idea y la existencia de Dios en el pensamiento de Michele Federico Sciacca". Rev. Filosofía Univ. Costa Rica, XXXVII (92), 193-202, 1999

H.M. Morris, Ph.D, "Geología. ¿Actualismo o Diluvialismo?". Ed. Clie, Barcelona, España, 1980

Harold S. Slusher & Robert L. Whitelaw, "Las Dataciones Radiométricas: Crítica". Ed. Clie, Barcelona, España, 1980

HOWARD PETH, "Fe Ciega: La Evolución Expuesta" Colegio Adventista Libertad "COAL", Bucaramanga, 1996.

"BLIND FAITH: Evolution Exposed", AMAZING FACTS, Inc.
P.O. Box 680, Frederick, MD 21701, USA

Henry F. Schaefer, Dr., "Los científicos y sus dioses". copyright ©
1995-
2003 Leadership U. Traducción de Darío Fox. © Mente Abierta 2003

Hugh Ross, "El Creador y el Cosmos", Editorial Mundo Hispano,
Texas,
1999

Idara Ishaat-E-Diniyat (P) Ltd, "El Colapso De La Teoría De La
Evolución En 20 Preguntas" 168/2 Jha House, Hazrat Nizamuddin
Nueva Delhi - 110 013 India

Ignacio Martínez Mendizábal & Juan Luis Arsuaga Ferreras. "Amalur.
Del átomo a la mente". Ediciones Temas de Hoy, S.A. (T.H.), Madrid.
2002

Indalecio Gil Albalat, "A dónde va la tierra?, Editorial Clie, Barcelona,
España, 1990

Jaime Descailleaux, et al. El ADN La Molécula De La Vida. Electronic
Journal Nanociencia et Moletrónica Octubre 2004, Vol. 2; N°2, (2004).

James D. Bales, Dr., "The God-killer?". Christian Crusade
Publications,
Tulsa, Oklahoma, 1967

José Montesinos y Sergio Toledo. "Ciencia y Religión en la Edad
Moderna". Symposium «Ciencia y religión de Descartes a la
Revolución Francesa» 14, 15 y 16 Septiembe 2006. Santa Cruz de la
Palma
Fundación Canaria Orotava de Historia de la Ciencia, La Orotava ,
España

Josué Ferrer. "Por qué dejé de ser ateo". Ed. Dinámica, Florida, USA,
2009

Józef Zycinski, Mons., Arzobispo de Lublin. "Diálogo entre ciencia y fe
ante las cuestiones filosóficas de la física actual" Gran Canciller de la
Universidad de Lublin, Polonia. Conferencia pronunciada en un
Encuentro sobre Fe y Cultura, Sevilla, 14 de marzo de 1998.
http://www.unav.es/cryf/dialogoentrecienciayfe.html

Julio A. Rodríguez, IQ, "El Paradigma, ¿o cuento?, de la Evolución". Ed. Nueva Vida, New York, 2008

Kenneth Boa. "The Evolution Revolution: Naturalism and the Question of Origins". http://bible.org/seriespage/evolution-revolution-naturalism-and- question-origins

Manuel García Doncel, "El Diálogo Teología-Ciencias Hoy. Ii. Perspectivas Científica Y Teológica". Institut De Teologia Fonamental – Sant Cugat Del Vallés, enero 2003. Scribd 51771089

Mario Seiglie. "Los diez errores de Darwin". Revista "Las Buenas Noticias", Vol. 15, #3. Cincinnati, Ohio, USA. Mayo-junio, 2010

Mathews, C. K.; Van Holde, K. E.; Ahern, K. G., "BIOQUÍMICA", Pearson Educación, S.A., Madrid, 2002

Matt Ridley. "Genoma. La autobiografía de una especie". Ed. Taurus, Madrid, 2001

Michele F. Sciacca, "Mi itinerario a Cristo". Ed. Taurus (1957) Milan

Machovec. "Jesús para Ateos". Ediciones Sígueme, Salamanca, España, 1974.

Orlando Fedeli, et al. Stat Veritas. La verdad permanece. "Evolucionismo: ¿Dogma científico o Tesis teosófica?". S.Paulo, Sept. De 2003

Paul Nelson et al., "Tres puntos de vista sobre la Creación y la Evolución". Editorial Vida, Miami, FL, 2009

Paulo Arieu. "La problemática de la evolución del hombre". www.lasteologias.wordpress.com Scribd 50417255

Rafael Andrés Alemán Berenguer. "Kelvin Versus Darwin: Choque De Paradigmas En La Ciencia Decimonónica". Iluil, Vol. 33 (#71) *1er Semestre 2010 - ISSN: 0210-8615, pp. 11-24*

Rafael Llano Cifuentes. "En busca del sentido de la vida". Scribd 92740272

Robert L. Whitelaw, "El tiempo, la Vida y la Historia a la luz de la Datación Radiocarbónica", Creation Research Society, 1970, España.

Saloff Astakhoff, "Origen y destino del Planeta Tierra", Editorial Clie, Barcelona, España, 1976

Samuel Vila, "A Dios por el Átomo", Ed. Clie, Barcelona, España, 1987

Scott Freeman & Jon C. Herron, "Análisis Evolutivo. Segunda Edición", Ed. Pearson Educación, SA, Madrid, 2001

Scott M. Huse, "El Colapso de la Evolución", Ed. Chick Publications, California, 1996

Starr, Cecie & Taggart, Ralph, "BIOLOGÍA, La unidad y diversidad de la vida, décima edición", Ed. Thomson Learning, Inc., México, 2004

Stephen Jay Gould. "Desde Darwin. Reflexiones sobre historia natural".
Hermann Blume Ediciones, Madrid, 1983

Steve Keohane, "The Case for Creationism".
http://www.bibleprobe.com/creationism.htm

Ten Reasons Evolution is Wrong. Revised 3/2006.
http://www.evanwiggs.com/articles/reasons.html

Vance Ferrell, "The Evolution Handbook", Ed. Evolution Facts, Altamont, TN, 2001

W.R. Daros, Conicet-Argentina. "El aprendizaje en la concepción, de M.F. Sciacca".

Willem Ouweneel, Ph.D, et al, "Biología y Orígenes", Ed. Clie, Barcelona, España, 1977

Otros libros escritos por el autor

El Eslabón Perdido – en la Teología-

Si alguna vez te has preguntado:

¿Qué ha pasado con el cristianismo?
¿Dónde está aquella gloria que por tantos siglos brilló, alumbrando las mentes de los seres humanos?
¿Por qué parece que las enseñanzas de la Biblia han perdido fuerza en esta generación?
¿Por qué hay tantas denominaciones y religiones?
¿Habrá posibilidad de que alguien sea salvo después de morir?
En este libro encontrarás respuestas bíblicas No-Tradicionales

El Paradigma, ¿o cuento?, de la Evolución

Después de haber sido ateo por más de 14 años, cuando creía y defendía la teoría de la evolución; el autor, graduado en el año 1978 como Ingeniero Químico en la Pontificia Universidad Católica Madre y Maestra; y como resultado a intensas indagaciones sobre el tema de la evolución, expone sus conclusiones después de 30 años de terminar sus estudios universitarios y luego de innumerables experiencias de la vida.

Este libro expone detalles "evolutivos" tan impactantes, que le harán pensar seriamente en lo siguiente:

• Todo lo que existe; ¿Lo hizo "Alguien" o "Nadie"?
• ¿Habrá sido un Ser Sabio, Poderoso y Eterno, que hizo todas las cosas; o fue "La Nada" que nunca existió y por lo tanto no tiene ni nunca tuvo poder, ni propósito... ¡ni nada!, que formó todo el universo a partir de su propia esencia inexistente?
• La vida, ¿Tiene sentido y propósito, o es una vana ilusión que nos toca a todos soportar?

El autor asegura y demuestra que:
"Las escuelas y universidades **adoctrinan** a los estudiantes para que dejen de creer en Dios, enseñando como ciencia lo que es pura creencia ateo-religiosa"; y también: "Si alguien cree que de algo más pequeño que UN ÁTOMO se formó todo el universo, dicha persona **tiene más FE** que todos aquellos que creen en Dios"

Gladiadores Religiosos. Cuidado con los Judaizantes Modernos

La temática tratada en este estudio es de gran importancia para el cristianismo, porque expone la sutil maniobra de personas que se introducen en las iglesias cristianas con el pretexto e enseñar sobre la cultura judía... pero al final lo que hacen es confundir a hermanos ingenuos con la consecuencia de hacerlos *caer de la gracia* al incitarlos a dejar de confiar en los méritos de Jesucristo, buscando ser justificados en las obras de la ley

Otros Mensajes Relacionados, de parte del autor

"La Evolución es Cuento; y el 'Big Bang' es Dogma de Fe. Confrontación Científico-Bíblica":

http://www.youtube.com/watch?v=upyMG4Zy3ng

En solo 80 minutos que dura esta conferencia podrás saber POR QUÉ los estudiantes se vuelven ATEOS; cual es la sutil indoctrinación escolar que reciben, que les impide usar la razón; y no pueden manifestar ciencia ni sabiduría cuando se analiza lo que existe. Podrás discernir los DOGMAS DE FE que les enseñan en las escuelas, haciéndolos pasar por "ciencia". Si crees que sabes todas las respuestas, entonces tienes un reto delante de ti. Analiza, razona y verifica los motivos de tus creencias.

Puede revisar el material de dicha conferencia, **en PDF**, en: http://www.scribd.com, el documento: 84742861

"Es Asunto de Fe"

http://www.youtube.com/watch?v=wgzDLI_9IeE

Toda persona tiene FE en algo; ya sea en Dios, o en el dios llamado "la nada". No podemos vivir en absurda negación a la realidad.

Este mensaje anuncia la inimaginable perfección del universo y la infinita grandeza y sabiduría de Su Creador.

"Eres un Milagro con Propósito"

http://www.youtube.com/watch?v=b09ypJcNrh8

En el mundo se están cometiendo 83 feticidios (abortos) por minuto (hasta diciembre 2011). Este mensaje enseña que tú eres una persona triunfadora desde el vientre de tu madre. También analiza el propósito para el cual existes. Verdaderamente te retará a encontrar tu objetivo principal en tu vida.

REFERENCIAS:

[i] Nota importante: Algunos de los artículos usados en esta compilación solo han sido transcritos en parte *[se indica con el símbolo (...)]*. Si desea leer en su totalidad cualquiera de los documentos referidos, la siguiente información le ayudará a ubicar el documento deseado.

[ii] http://wol.jw.org/es/wol/d/r4/lp-s/1102009552

[iii] http://www.planetseed.com/es/print/15740

[iv] Federico Sciacca, *Mi itinerario a Cristo,* Ed. Taurus, Madrid, 1957 pp. 106-115

[v] The God-Killer? Págs.120-132; 1967 © Christian Crusade Publications, Tulsa, OK

[vi] Matt Slick http://www.miapic.com/el-fracaso-del-ate%C3%ADsmo-para-explicar-la-moralidad%20%20%20%20

[vii] ¿Puede el hombre vivir sin Dios? Por Ravi Zacarias ©Editorial Caribe (Consecuencias del ateísmo) http://menteabierta.es/html/articulos/ar_ysidios.htm

[viii] http://www.fluvium.org/textos/lectura/lectura199.htm

[ix] http://www.reasonablefaith.org/spanish/es-el-ateismo-una-filosofia-sin-esperanza

[x] Matt Slick http://www.miapic.com/el-fracaso-del-ate%C3%ADsmo-para-explicar-la-existencia

[xi] Frank Zorrilla, "Conociendo a Dios a través de la Ciencia", pags. 104-105, Ed. Palibrio, Bloomington, Indiana, 2011

[xii] Stephen R. Covey, "Los 7 hábitos de la gente altamente efectiva", Pags. 15-19, Ed. Paidós, Buenos Aires-Barcelona-México, 2003

[xiii] http://www.noticiacristiana.com/sociedad/2009/05/antony-flew-ateo-mas-ferreo-e-influyente-del-mundo-acepta-la-existencia-de-dios.html

[xiv] http://parameditar.wordpress.com/2009/12/21/frases-celebres-de-newton-sobre-la-existencia-de-dios/

[xv] Daniel Iglesias Grèzes. http://www.feyrazon.org/PocasPal/DanError1.html

[xvi] http://www.explorefaith.org/speaking_collins.html

[xvii] http://laverdadnoshacelibres.wordpress.com/2011/07/31/francis-collins-%C2%BF-por-que-creo-en-dios/
[xviii] El ADN y el Origen de la Vida: Información, Especificidad y Explicación", por Stephen C. Meyer. http://es.scribd.com/doc/66394996/DNA-and-the-Origin-of-Life-S-C-Meyer-Spanish
[xix] Ruby Villarreal. Juan de O'Donoju 470, Virreyes, 78240 San Luis Potosi, SLP, MEXICO creavit@terra.com
[xx] Tomado del texto universitario: "Biología. La unidad y diversidad de la vida". Décima edición. Por: Cecie Starr/ Ralph Taggart. Págs. 296-299
[xxi] http://bibliotecadigital.ilce.edu.mx/sites/ciencia/volumen1/ciencia2/12/htm/sec_7.html
[xxii] http://www.bbc.co.uk/mundo/ciencia_tecnologia/2010/03/100304_2243_ciencia_dinosaurios_asteroide_jaw.shtml
[xxiii] http://news.bbc.co.uk/hi/spanish/science/newsid_6981000/6981280.stm
[xxiv] http://www.elperiodicodearagon.com/noticias/sociedad/los-gases-de-dinosaurio-influyeron-en-calentamiento-de-tierra_755044.html
[xxv] http://www.nationalgeographic.es/noticias/ciencia/espacio/110907-gold-metals-earth-meteors-oldest-rocks-nature-science

[xxvi] Yaiza Martínez. Tendencias Científicas. http://www.tendencias21.net/Nuestro-Universo-pudo-haberse-formado-de-otro-Universo-especular-anterior_a2195.html
[xxvii] http://www.euskalnet.net/ceufo/agujeros.htm
[xxviii] http://definicion.de/ciencia/
[xxix] http://www.escepticospr.com/Archivos/conocimiento_cientifico.htm

xxx http://recursostic.educacion.es/bachillerato/proyectofilosofia/version/v1/A3-1f.htm

xxxi http://www.miapic.com/ate%C3%ADsmo-cortar-y-pegar

Made in the USA
Middletown, DE
02 November 2024

63762604R00080